修片有道

王洪谛 著

PHOTOSHOP摄影后期专业技法

人民邮电出版社

北京

图书在版编目（ＣＩＰ）数据

修片有道：PHOTOSHOP摄影后期专业技法 ／ 王洪谛
著. -- 北京 ：人民邮电出版社，2019.1
ISBN 978-7-115-49739-0

Ⅰ．①修… Ⅱ．①王… Ⅲ．①图象处理软件 Ⅳ.
①TP391.413

中国版本图书馆CIP数据核字(2018)第238570号

内 容 提 要

本书不是一本单纯的Photoshop软件教学指南，而是将图片调整技术与相关知识巧妙地融入到典型范例中，让读者能够边学边练，尽享数码摄影后期的乐趣。

本书以图片的后期调整为主，从调出好作品的前提条件、Camera Raw的使用、Photoshop技术解析、常用的图像调整命令、调整好画面明暗关系的技巧、掌握和用好色彩的方法及摄影后期核心技术的应用等方面对摄影后期做了系统地论述，并全面揭示了Photoshop后期处理的强大功能，带读者领略后期处理的魔力。

本书不仅适合摄影后期初学者，对有一定修片基础的摄影爱好者也有很大的帮助。此外，本书也可以作为相关院校摄影专业的后期授课教材，并且非常适合摄影后期培训班学员及广大自学后期的摄影爱好者参考阅读。

◆ 著　　　　王洪谛
　　责任编辑　张　贞
　　责任印制　周昇亮

◆ 人民邮电出版社出版发行　　北京市丰台区成寿寺路 11 号
　　邮编　100164　电子邮件　315@ptpress.com.cn
　　网址　http://www.ptpress.com.cn
　　天津市豪迈印务有限公司印刷

◆ 开本：787×1092　1/16
　　印张：18　　　　　　　　　2019 年 1 月第 1 版
　　字数：491 千字　　　　　　2019 年 1 月天津第 1 次印刷

定价：99.00 元

读者服务热线：(010)81055296　印装质量热线：(010)81055316
反盗版热线：(010)81055315
广告经营许可证：京东工商广登字 20170147 号

特别致谢

特别鸣谢书中案例照片的作者：

曲学礼、庞子玄、包威、于静文、柳明玉、王维宇、王俊华、王景茹、李开源、李国钟、李军、盛国强、伍卫东、高宏、陈锋、陈国强、郑丽、曹希君、易学莘、孙树发、张震、张力、姚舒华、徐百琴、藏凤英、郭晓静

自序
Preface

　　我从事平面设计工作已经有21个年头了，每天都会不厌其烦地处理大量的商业照片，然后把这些经过后期处理的商业照片用在包装、样本和招贴上。也许是每天接触照片的缘故，我逐渐对摄影产生了浓厚的兴趣，我的网页收藏夹里收藏的摄影网站有数十家，闲暇之余我会到这些专业的摄影网站上去欣赏和学习摄影。摄影已经成为我生活中不可或缺的一部分，希望有一天我也会和那些摄影师一样游遍祖国的名山大川，用光去绘画该是何等惬意。

　　8年前我离开了工作多年的大都市，回到了阔别已久的家乡。我开始跟随摄影网站参加一些外拍活动，回到家里调整一下照片再发到网站上。可能是自身的美术功底和多年商业照片的处理经验，我很快就在几家摄影网站上崭露头角，我经常受邀去讲解摄影后期处理技法，渐渐结识了越来越多的摄影界朋友，也深知摄影后期对他们来说是何等重要。我想把自己照片后期处理二十余年的从业经验传授给大家，因此萌生了创作摄影后期图书的想法。经过两年多的不懈努力，我先后完成了《Photoshop摄影师后期处理技艺》《摄影后期艺术Photoshop蒙版修图技术完全攻略》两部摄影后期专著，均已由人民邮电出版社出版发行。我还参与了中国摄影家协会的经典系列图书《差一点就能拍出好照片》的案例撰稿。

　　最让我爱不释手的摄影后期软件当数Photoshop，不是因为它和我有着二十余年的渊源，而是因为它的功能实在是太强大了，它能够让我尽情发挥想象力和创造力。在摄影后期处理中，我不仅可以利用图层、蒙版、通道，以及调整命令和滤镜，还有强大的内置插件Camera Raw，为数码摄影后期的调整提供了有力的技术支持。每个人只要有一台电脑并安装上一个照片处理软件，就可以建立起一个不受空间限制的数码暗房，尽情地享受数码摄影的乐趣。

　　与以往的摄影后期图书不同，本书是一部涉及诸多学科的摄影后期技术图书，其目的就是更好地发挥摄影人的想象力，培养和确立正确的调整思路。本书在以下几个方面对摄影后期做了重点论述。

　　审美：美由人类所创造，同时也是为人类所欣赏。你在欣赏美的实践中，创造了新的意象，获得了美感。这种美感应用于新的欣赏实践活动中时，人们对美的理解和感受就会得到深化。

　　技术：涵盖了Photoshop从基础到高级的常用技术，并以案例分析的形式对混合模式、颜色范围、画笔工具和蒙版技术等进行了详细论述。

　　对比：对比度对视觉效果的影响不容小觑，一般来说，对比度越大，图像越清晰醒目，色彩也越鲜明艳丽；反之对比度小，则会让整个画面都灰蒙蒙的。高对比度对于图像的清晰度、细节表现、灰度层次表现都有很大帮助。

色彩：尽管我们拍出的照片色彩与被摄物体的真实色彩客观上是存在差异的，但你还是非常希望观者相信你所拍照片上的色彩是真实、精确的。在拍摄与后期中，你对色彩的掌控会直接影响你对照片的阐释，要试着找到你对色彩的最佳掌控方式。而在调控色彩时，有三项非常重要的指标需要每一位摄影人高度关注，这就是色彩的三个特性——色调（色相）、明度与饱和度。

光影：摄影后期利用原片的光影来阐述所描述对象的空间范围、周围环境和透视关系，创造空间感。其中最关键的因素是判断照片的光影，通过光影来塑造画面空间感和层次感。

思路：思考的线索，即在调整前对原片进行分析和判断，找出在前期拍摄照片时存在的问题，并确定一个正确的调整方向来解决这些问题。对于从事摄影后期工作的我们来说，获得一个正确的调整思路比软件技术本身更为重要。

全书共分为7章，由浅入深，循序渐进地介绍后期处理的各项技能，尽量避开生硬简单的说教，用简练的语言阐述摄影后期技术，进而引导读者不断提升摄影后期理论与技术。用心品读，相信每一个人都会受益匪浅。本书不仅适合初学者，对有一定摄影后期处理基础的爱好者也有很大的帮助。此外，本书也可以作为摄影专业相关院校的后期授课教材，并且非常适合平面设计照片处理、摄影后期培训班学员及广大自学摄影爱好者阅读。

为了方便读者阅读学习，本书附配案例素材，包括了书中所有案例的源文件。本书在编写过程中得到了中国摄影联盟网和影友的大力支持，他们为本书提供了大量的原片案例素材，在此表示感谢！

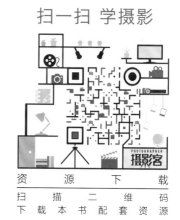

资源下载说明

本书附赠案例配套素材文件及多媒体教学视频，扫描"资源下载"二维码，关注"ptpress摄影客"微信公众号，即可获得下载方式。资源下载过程中如有疑问，可通过客服邮箱与我们联系。

客服邮箱：songyuanyuan@ptpress.com.cn

目录
Contents

目录
Contents

第 4 章

**搞懂常用图像
调整命令**

目录
Contents

目录
Contents

第 7 章

**摄影后期核心
技术应用**

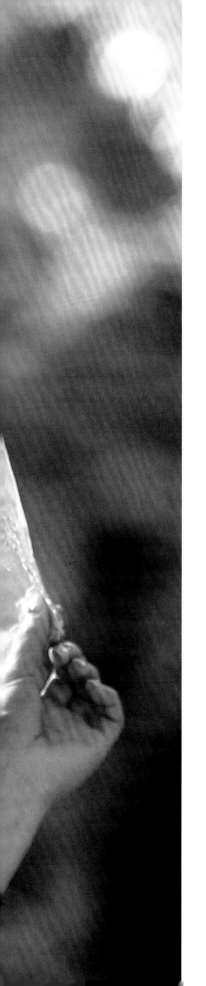

第 1 章
调出好作品的前提条件

　　一幅优秀的摄影作品一定有个吸引人的地方，这个吸引人的地方就是主题，也是最能表达这张照片的精髓所在。一幅好的摄影作品就像一块璞玉，经过大师的巧夺天工才能成为传承之作。正如亚当斯所说："前期是乐谱，后期是演奏。"再美妙动人的乐谱，如果没有深刻的理解和高超的演奏技巧，也难以感染听众。我们也可以这样理解：好的主题+好的后期=优秀的摄影作品。

1.1 了解一些绘画知识

摄影一词是源于希腊语，最早的意思是"以光线绘画"。摄影是指使用某种专门设备进行影像记录的过程，一般我们使用机械相机或者数码相机进行摄影。有时摄影也会被称为照相，就是通过物体所反射的光线使感光介质曝光的过程。有人说过一句精辟的话："摄影家的能力是把日常生活中稍纵即逝的平凡事物转化为不朽的视觉图像。"从1839年达盖尔发明摄影术，至今已有160多年的发展史。最初因其逼真的纪实特性，人们往往利用其清晰的实用价值来拍摄人物、风光形象，以满足精确记录大自然和社会生活的目的。19世纪40年代，一些摄影人不再满足照片的逼真记录。他们模仿着学院派的绘画风格，尝试用人物模特等进行画意摄影创作。我国的摄影大师郎静山的集锦摄影，仿国画、重意境、师古法，在形式上模仿传统国画，题材和主题意趣多取自古画、古诗词，是中国绘画风格和摄影技法的统一，既具有个人的艺术风格，又有着鲜明的民族特色。美国摄影学会会长Kennedy认为，郎先生既为中国人，又研究中国绘画，所以他是把中国绘画原理应用到摄影上的第一个人。

西方绘画艺术源远流长，品种繁多，尤其是油画艺术更可以说是世界绘画艺术中最有影响的画种。西方绘画的审美趣味在于真和美，西洋画追求对象和环境的真实。为了达到逼真的艺术效果，十分讲究比例、明暗、解剖、色度等科学法则，把光学、几何学、解剖学、色彩学等作为科学依据。概括来说，如果中国绘画尚意，那么西方绘画则尚形；中国绘画重表现、重情感，西方绘画则重再现、重理性；中国绘画以线条作为主要造型手段，西方绘画则主要由光和色来表现物象；中国绘画不受空间和时间的局限，西方绘画则严格遵守空间和时间的界限。

国画，又称"中国画"，是我国传统的绘画（区别于"西洋画"）。中国画强调"外师造化，中得心源"，要求"意存笔先，画尽意在"，强调融化物我、创制意境，达到以形写神、形神兼备、气韵生动。

西洋画重写实，中国画重意境。

看中国画时，重在似与非之间，旨在感受画中的人文精神；而西洋画则追求人体解剖和几何构成，画面更似摄影，注重写实。而一些后现代派的东西，则融入意识流的思想。总之，两种画由两种理念主导。

①中国画盛用线条，西洋画线条都不显著。线条大都不是物象所原有的，是画家用以代表两种物象的境界，所以西洋画很像实物，而中国画不像。

②中国画不注重透视法，西洋画注重透视法。

③中国画不注重背景，西洋画很注重背景。

④中国画题材以自然为主，西洋画题材以人物为主。

⑤中国画的笔墨在修改和描绘方面是存在一定难度的。

⑥中国画用毛笔、软笔或手指，西洋画用硬笔或画刀。

◀《拾穗》米勒

《拾穗》是米勒最重要的代表作，这是一幅十分真实、亲切美丽而又给人以丰富联想的农村劳动生活的图画，描写了农村中最普通的情景：秋天，金黄色的田野看上去一望无际，麦收后的土地上，有三个农妇正弯着腰十分细心地拾取遗落的麦穗，以补充家中的食物。她们身后那堆得像小山似的麦垛和她们无关，对比鲜明，表达了米勒对农民艰难生活的深刻同情

◀ 《夜巡》伦勃朗

1642年，班宁柯克连长和手下的民兵共16个人每人出了100盾请伦勃朗画一幅集体像。伦勃朗没有像当时流行的那样把16个人都摆放在宴会桌前，画出一幅呆板的画像，而是自己设计了一个场景，16个人仿佛接到了出巡的命令，各自做着准备。这幅油画采用强烈的明暗对比画法，用光线塑造形体，画面层次丰富，富有戏剧性。从任何方面来看，都是一幅杰出的作品

◀ 《抗议派公使约翰内斯·文博加特的画像》伦勃朗

伦勃朗对光的使用令人印象深刻，他善于运用明暗，灵活地处理复杂画面中的明暗光线，用光线强化画中的主要部分，也用暗部弱化和消融次要因素。伦勃朗这种魔术般的明暗处理技法构成了他的画风中强烈的戏剧性色彩，也形成了伦勃朗绘画的重要特色。伦勃朗式用光是一种专门用于拍摄人像的特殊用光技术。拍摄时，让被摄者脸部的阴影部分对着相机，并用灯光照亮脸部的四分之三。以这种用光方法拍摄的人像因酷似伦勃朗的人物肖像绘画而得名。伦勃朗式用光技术是依靠强烈的侧光照明使被摄者脸部的任意一侧呈现出三角形的阴影，它可以把被摄者的脸部一分为二，而又使脸部的两侧看上去各不相同。如果用均匀的整体照明，就会使被摄者的脸部两侧显得一样了

《暴风雨》考特▶

这幅《暴风雨》的主要欣赏点是：光线和色彩的对比和互相
衬托的美感力量，这是19世纪美术美学的一个重要特征。画
面里的背景是暗的，前景是亮的；男角色彩是暗的，女角色
彩是亮的。男体力量的粗犷线条和女体力量的柔细线条，在
光线和色彩中得到了鲜明对比，并且二者相互衬托。考特的
《暴风雨》抓住了达夫尼斯和克洛伊在暴风雨中逃跑的一瞬
间，表达了男女不同的性感力量之美，歌颂了纯洁的爱情和
自由的向往，无论是艺术境界还是艺术手段方面，与前人作
品相比，都是更上一层楼

▲《林中雨滴》希施金

这幅《林中雨滴》是我欣赏过的无数世界风景名画中最美的一幅，所以正一艺术画廊把它作为推出世界名画欣赏500幅的压
轴之作。画家描绘了橡木林中微雨的情景，地下泥泞，泥水中还有倒影，空气中飘着的蒙蒙细雨若隐若现，令远景显得模
糊、空蒙、远淡、飘逸，增加了空间感，使画面一下通透起来。那条泥路弯弯曲曲通向远方，画家的朋友萨维茨基照例又在
画面上添加了几个人，一对夫妻打着伞，前面还有一位猎人扛着枪。行进的路和行进的人把观众的视线引向画面深处，让人
不知雨雾深深几许

1.2 怎样拍出立体感的照片

所谓层次感，简单来说就是空间感，摄影是平面造型艺术，那么如何在平面上真实可信地表现出物体的立体形状呢？比如近处物体清晰，远处不重要的物体就虚些，有主有次，层次鲜明，让人一看就知道哪些是近景，哪些是远景，如果一张照片给你的感觉非常逼真、颜色丰富，立体感明确，就是说这张照片的层次感极好。物体存在于自然界中，各有其不同的形状和体积，都占有一定的立体空间。

摄影画面是平面造型艺术，如何在平面上真实可信地表现出物体的立体形状呢？我们都知道，立体的事物有多个面，多面是立体事物的根本特征，没有多面也就没有立体形象。只有充分地表现出事物的多个面及其分界线，才能很好地表现事物的立体感。

光线影响着物体立体感的表现。此外，被摄体的背景状况也影响着物体立体感的表现。如果被摄体同背景的影调、色彩一致，缺乏明显的对比，则不利于表现立体感。只有被摄体与背景形成对比，才能突出立体感。此外，在拍摄当中，通过调整焦点或控制景深来制造物体同背景的虚实对比，也是突出事物多面性、强调其立体感的一种有效方法。

▲ 利用背景的亮度、色彩的明度变化使景物从背景中分离，从而产生层次感和立体感

▶ 利用近大远小的透视关系让画面产生立体感，比如这群牛就是由近及远、由大到小使画面产生了很强的层次感

第四层　第三层　第二层　第一层

▲ 虚化前景创造立体感，这也是利用浅景深创造立体感的方法之一。这张照片在拍摄时根据场景采用了四层拍摄，第一层相机镜头贴在了花上，使前景几乎处于完全模糊的状态，画面由虚到实层次感极强，这种拍摄方法使画面完全脱离了平庸的感觉，赋予了画面立体感

▶ 在逆光条件下拍摄可以很好地利用投影让画面产生立体感，再加上由暗到亮、再由亮到暗使画面有了空间感

▲ 有时可以把繁杂的背景虚化来充分表现主体，使画面产生立体感

▲ 前期拍摄时可以利用布光来完成摄影创作，这种方法使画面立体感更突出

▲ 运用透视关系让画面产生立体感

▲ 在拍摄风光片时，可以利用特殊的气象条件，比如区域光、丁达尔效应等，不但可以拍出充满视觉震撼力的画面，同时也极具立体感

▶ 调整亮度对比度、色彩的同时，你会发现照片的层次感和立体感也增强了，这当然需要你在调整一幅摄影作品之前，就对照片有一个正确的解读，有空间感的概念。右侧上图是原片，画面灰蒙蒙的，光效不明显，画面没有明暗对比也就没有了立体感

▶ 通过亮度对比度的调整使照片的立体感增强了，在局部调整时着重突出表现光效。调整后的照片层次感强烈

1.3 摄影的画质

　　所谓画质就是图像质量，在摄影作品中就是指照片中景物的清晰度和精细度。细节则是照片中被拍摄景物的清晰度和精细度，图像的质量越好被摄景物细节越多。可以说摄影作品"细节决定成败"，细节又决定画质，画质和细节是摄影作品的生命。

　　影响画质的主要因素包括相机、镜头解析度、UV镜片、气象条件、光影、ISO、光圈和速度组合、聚焦、曝光、拍摄角度、照片压缩等，要想获得好画质就必须提高摄影技艺，尽量使用三脚架并使用RAW格式拍照，否则一幅噪点过多、画面死黑或死白等细节丢失的照片，即使我们有再高的后期手段也无能为力，Photoshop软件再强大也不会强大到无所不能。

　　使用镜头最佳光圈，获得更高分辨率镜头在某个特定光圈下才能发挥出自己最佳的光学素质，在不考虑传感器因素的情况下，一般镜头的最佳光圈在f/8~f/11，此时镜头的锐度要比最大光圈时有极大的提升，而且镜头的紫边、边缘画质等问题都可以获得极大改善。虽然Photoshop CC推出一款"防抖滤镜"，可以把一幅模糊的照片变得清晰，但这和我们直接拍得清晰是两回事，后期调整是画面清晰的一种伪像，只不过是加大锐度，而锐度过大也会直接损伤画质。

1.4　画面的通透感

　　顾名思义，通透即为通明、透亮。

　　大家常说的通透其实就是照片的前景和远景都非常清晰透明，画面鲜亮。这并不完全是由相机决定的，还跟拍摄时空气状况有很大关系。由于空气透视的关系，越远的景物越不清晰透明（感觉就像有一层雾）。要想获得较为理想的效果，我们应尽量选择晴朗的天气去拍摄，最好是雨过天晴的时候，此时天空是最通透的，干净、柔美、色彩真实、光线和谐、清晰度高，曝光组合恰到好处。

　　除了气象因素，另外一个重要因素就是我们的数码相机了。你会发现在数码相机的显示屏上查看时画面色彩艳丽、通透，可是在家里的显示器上看怎么照片就没那么好看了呢？这是因为相机的显示屏分辨率远远高出你的显示器，更何况数码相机的显示屏支持Adobe　RGB色彩空间，而且JPEG格式的色彩鲜艳度直观上会好于RAW格式，RAW格式记录的是数据、是数码底片，所以数码摄影要想提高照片的通透度必须要经过后期加以完善。

▼ ▶ 在风光摄影中，我们可以利用雾天进行拍摄。雾天拍摄虽然能见度比较低，但是可以拍出朦胧感觉的照片，朦胧感可以使画面层次分明，但是拍出的照片偏灰，就像右上图亮部不突出，导致画面通透感不好，下图经过调整，亮度和对比度得到了明显的改善，画面变得通透的同时色彩的鲜艳度也得到了提升

第 2 章

从Camera Raw
学起

　　Adobe Camera Raw是Photoshop的一款插件，能够帮助
用户快速处理RAW格式文件，可以说是Photoshop的必备增效
工具。对于数码摄影师们来说，处理RAW格式文件实在是一个
令人头疼的棘手问题，因为这种文件通常处理起来要耗费很长的
时间，而且不同数码相机所生成的RAW格式文件也千差万
别。Adobe公司的Photoshop Camera Raw插件能够解决这方
面的问题，有了它，你就能够在熟悉的Photoshop界面内打开并
编辑这些RAW格式文件。

2.1 Camera Raw 预设

　　Photoshop软件安装完成后需要进行设置，点击菜单栏"编辑"→"首选项"命令，在弹出的面板的左侧选择"文件处理"，然后点击右侧面板的"Camera　Raw首选项…"按钮，并勾选按钮下方的"对支持的原始数据文件优先使用Adobe Camera Raw（C）"复选框。

❶将图像设置存储在：Camera Raw数据库，将锐化应用于：所有图像。

❷勾选"转换为灰度时应用自动灰度混合""将默认值设置为特定于ISO设置"复选框。

❸Camera Raw高速缓存，一定要选择一个比较大的盘符，新建一个文件夹，千万不要放到C盘，最大大小为"5.0"GB。

❹DNG文件处理：勾选"忽略附属'.xmp'文件""更新嵌入的JPEG预览"复选框。

❺Camera Raw是处理原包格式的插件，应该勾选"禁用JPEG支持""禁用TIFF支持"复选框。

❻如果你为电脑安装了一个独立显卡（必须安装的配置硬件），则在性能设置上勾选"使用图像处理器"复选框，Photoshop的运行速度就会加快。

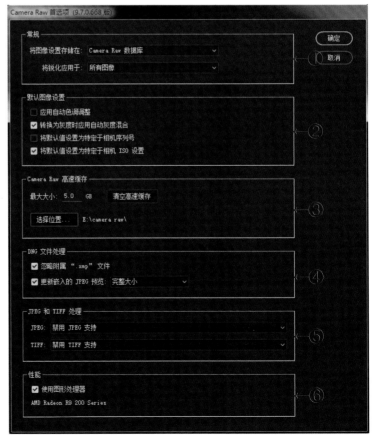

2.2 Camera Raw 操作界面

Photoshop Camera Raw 软件可以解析相机原始数据文件，该软件使用有关相机的信息以及图像元数据来构建和处理彩色图像。可以将相机原始数据文件看作照片负片，你可以随时重新处理该文件以得到所需的效果，即对白平衡、色调范围、对比度、颜色饱和度以及锐化进行调整。在调整相机原始图像时，原来的相机原始数据将保存下来。调整内容将作为元数据存储在附带的附属文件、数据库或文件本身（对于 DNG 格式）中。Adobe Camera Raw只不过是Photoshop的一个插件，但是无论如何Camera Raw已经足够强大了，对于那些喜欢Photoshop的朋友来说，也许Camera Raw更适合你。

Camera Raw操作界面

❶工具箱：Camera Raw的工具箱相对简单，包括裁剪、目标调整、渐变、水平校正、画笔工具、径向滤镜等16个工具。

❷全屏模式：点击按钮可以切换到全屏模式。

❸直方图：直方图可以更直观地观察色彩及明暗分布情况，在直方图上方有左右两个箭头，那是用来提示照片的高光和暗部溢出警示的。

❹操作面板：Camera Raw提供包括基本面板在内的10个面板。

❺切换模式：调整前后对比、默认。

❻尺寸、分辨率设置：可以对照片大小进行重新设置，改变像素、分辨率、色彩空间设置。

2.3 找回丢失的亮、暗部细节

在大光比环境下拍摄时，我们最好采用包围曝光模式，或者运用相机的HDR模式拍摄，这样我们就可以得到一幅亮、暗部细节完整的照片，避免出现像这张照片一样高光溢出的现象。

原片 ▶

01 在Camera Raw直方图上方，左右各有一个箭头，右侧的红色箭头是高光溢出警示，左侧的蓝色箭头是暗部溢出警示。现在画面中出现红色警示，说明局部曝光过度。

02 当我们把高光、白色调整到-100时，你会发现画面上的红色警示不见了，说明这张照片白场细节没有丢失。

03 在Camera Raw中压暗天空,可以选择"渐变工具",配合Shift键在天空区域拖曳鼠标,然后再调整曝光。

04 选择"渐变工具"后,我们可以为渐变指定色彩,在右侧面板找到颜色色块,点击后会弹出拾色器,这样你就可以取样颜色了。

05 暗部细节需要调整阴影、黑色,如果调整后,画面上蓝色警示还没有消除,那么就可以断定你的照片暗部细节出现死黑,这将是无法挽回的。

06 提高"清晰度"也是提高画面"轮廓清晰度",它不是均匀地调整对比度,而是调整图像中相邻的亮区和暗区的对比度,数值不要调整得过高,否则画面就会出现锐度过高的情况而影响美感。

07 "自然饱和度"又称为"细节饱和度",是安全的饱和度。对还未达到饱和的颜色,给予较大的增量,在增强图像饱和度时,有肤色保护功能。

08 "白平衡"设置包括日光等6种模式,当然也可以自动或手动调节色温、色调,还可以用"白平衡工具"在画面上点击鼠标调整白平衡。

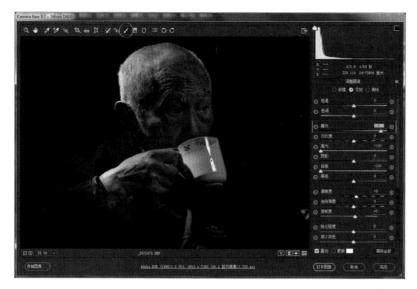

2.4 调整画笔
工具使用
技巧

01 "调整画笔工具"
是Camera Raw调
整局部明暗细节最实用
的工具。打开文件，进入
Camera Raw，在工具栏
上选择"调整画笔工具"，
调整曝光为+3.30，用画
笔涂抹脸部和手臂暗部。

02 由于服装和脸部的
曝光不同，在调
整服装时需要选择"新
建"画笔，并调整曝光
为3.10，用画笔涂抹服
装。需要注意的是，不
要涂抹到服装以外，一
旦涂抹过界，就需要配
合"Alt"键擦除。

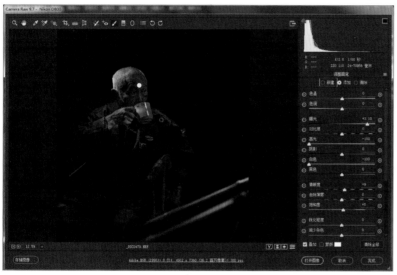

03 新建画笔，调整曝
光为+1.55，涂抹
人物的耳部和眼睛。

04 由于服装受光面的亮度不够明显，需要强化一下明暗对比。新建画笔，调整曝光为+0.85，涂抹服装的亮部。

05 新建画笔，这样我们在这个调整过程中共设置了5个不同曝光的"调整画笔"设置，调整曝光为+3.30，涂抹手部的高光区域。

06 回到"基本"面板，调整曝光为+0.15、对比度为+53、高光为+4、白色为-26、清晰度为+30。这样我们在Camera Raw中的调整基本结束，当然这种调整只是对照片的一次初调，深层调整还要到Photoshop去完善。

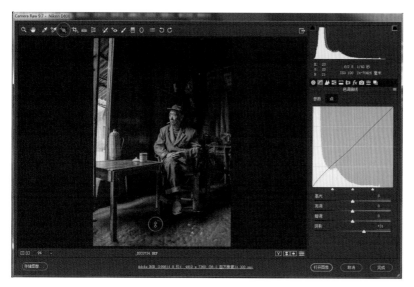

2.5 色调曲线和目标调整工具用法

01 在"色调曲线"面板调整照片，可以拖动控制滑块调整参数，也可以选择"目标调整工具"直接调整，现在我把鼠标放到画面的暗部区域向上拖曳鼠标提亮暗部，曲线也会随之发生变化。

02 我们再把"目标调整工具"放到画面的亮部区域，向上拖曳鼠标，提亮受光区域，曲线的亮调也会随之发生变化，记住向上拖曳鼠标是提亮，向下拖曳鼠标是压暗。

03 Camera Raw的"色调曲线"面板不同于Photoshop曲线，在"参数"上是无法在对角线上进行调整的，只有进入"点"选项才能在对角线上进行调整。

2.6 锐化和降噪

01 "细节"面板共分锐化和减少杂色两部分,在锐化和降噪之前最好放大照片到100%或更大来观察。降噪是在牺牲锐度的情况下的一次模糊处理,在对每一项调整时最好按住"Alt"键观察调整结果,锐化主要是调整好数量。

02 "半径"是指锐化的边缘清晰度,半径数值越大,边缘清晰度越高,在锐化调整时一定要把握好数量和半径的值,否则画面就会出现过度锐化而影响照片的美感。

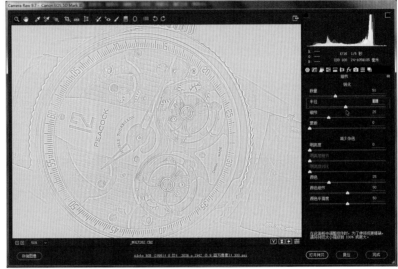

03 "细节"是针对锐化和半径在细节上所做的清晰程度的进一步强化或减弱。

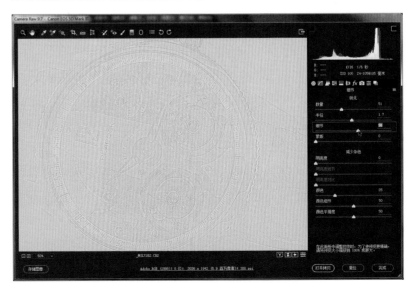

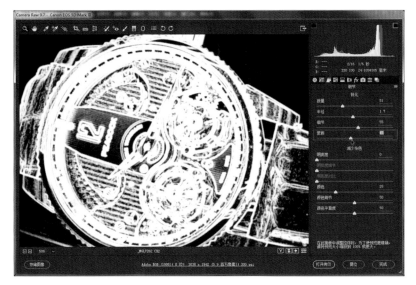

04 "蒙版"是对数量、半径、细节数量所做的局部遮盖或全部遮盖，利用"蒙版"可以帮助我们实现局部锐化效果，从0到100调整参数，"0"是完全没有遮盖，"100"则是局部遮盖锐化效果。

05 减少杂色的主要降噪表现还是"明亮度"。在弱光环境下拍摄，阴影越暗则噪点越多、越大，"明亮度"一定要配合"锐化"进行调整，否则照片就会失去锐度，余下的调整可以根据情节酌情处理。

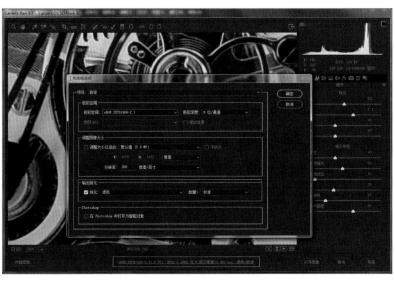

06 最后我们要为调整后的"锐化"和减少杂色处理进行输出锐化。在Camera Raw面板最下方点击"预设窗口"，勾选锐化：滤色，数量：标准，这样我们就可以保持锐化结果，再到Photoshop中进一步调整照片。

2.7 将彩色照片转换为灰度图

01 首先在工具栏选择"拉直工具"，在画面的家具上拉一条斜线，然后双击鼠标左键。

02 在勾选"转换为灰度"复选框之前，我们要判断好画面的色彩分布，肤色、葫芦、家具都含有红色、橙色、黄色成分，蓝色主要分布在人物的背心和烙铁的手柄上，一定要根据色彩分布去调整黑白，否则你就有可能把红脸调成黑脸。

03 勾选"转换为灰度"复选框，当我们把红色调整到+100时，受光面的亮度还没有提亮，说明还需要对橙色、黄色做出调整。

04 拖动橙色滑块到+35，受光面逐渐变亮。

05 继续拖动黄色滑块到+65的位置，调整时需要观察画面亮暗部的对比关系。

06 拖动蓝色滑块到+70的位置，提亮人物背心和烙铁手柄的亮度，根据照片的色彩分布情况，我们不需要对绿色、浅绿色、紫色做出调整，因为这幅照片中没有这3种色彩成分。

07 拖动洋红滑块到
+100的位置，人
物的额头、眼镜、嘴
唇、指甲含有少量的洋
红成分。

08 回到"基本"面
板，调整曝光为
+0.55、对比度为+43、
高光为-40、阴影为+55、
白色为-15、黑色为+20、
清晰度为+40。

09 在"色调曲线"
面板，调整高光
为-29、亮度为+10、阴
影为+10，Camera Raw
的灰度调整是比较理想
的彩色转黑白的一种形
式，具有明暗对比强
烈、立体感强等特点。

2.8 神奇的去除薄雾功能

01 Camera Raw 9.1 新增了一个"去除薄雾"功能，此功能强大而且非常实用，向左拖动滑块会加大薄雾，向右拖曳滑块会减少薄雾，经过"去除薄雾"操作，照片的色温会发生变化，需要配合其他操作来完成照片的调整。

02 "污点去除"工具的使用非常简单，在画面上点击污点即可，你也可以把鼠标发到圆的"蚂蚁线"外面拖曳鼠标改变圆的大小，也可以把鼠标放到圆的中心，然后拖动鼠标到任意相邻位置重新取样。

03 进入"基本"面板调整色温为7500、色调为+26、曝光为0.70、对比度为+70、高光为-100、白色为-100、黑色为-20、清晰度为+45、自然饱和度为+20。

2.9 合并到全景的接片技巧

01 在Photoshop菜单栏点击"文件"，选择"打开"，找到接片照片所在文件夹，打开文件夹后你可以框选，也可以按Ctrl键执行单选，然后点击"打开"按钮。

02 打开源文件，进入Camera Raw后，我们发现左侧多了一个底片阅览窗口，一般情况下打开单幅照片不会出现这个窗口，只有打开多幅照片时它才会出现，在Filmstrip栏的右上角点击隐藏菜单，选择"全选"。

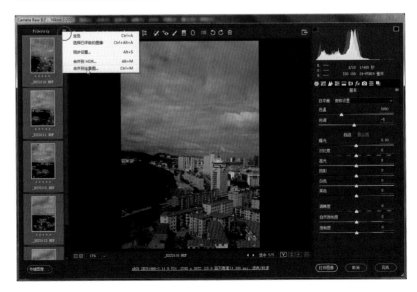

03 然后在Filmstrip栏的右上角再次点击隐藏菜单，选择"合并到全景图"。

04 Camera Raw全景合并只提供3种拼接形式：球面、圆柱、透视。我们可以根据镜头而定，在"选项"栏勾选"自动裁剪"复选框。

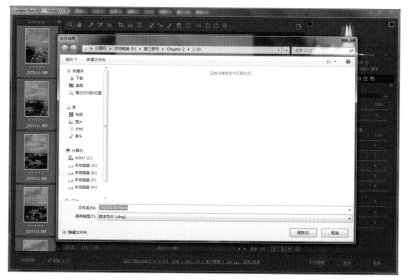

05 点击"合并"按钮后会弹出这样一个"合并结果"对话框，这是要求你必须存储一个合并结果的DNG格式的数字负片，然后单击"保存"按钮。

06 看左侧底片预览窗口多了一个DNG格式的合并文件，现在你就可以对接片进行调整了。

2.10 Camera Raw批量调整

01 如果你觉得单幅调片效率太低，费工费时，为何不尝试一下Camera Raw批量调整？但是有个条件，你必须保证批量调整的一组照片光线、色调要保持一致，打开需要批量调整的一组照片，首先在"基本"面板进行调整。

02 然后进入"色调曲线"面板，调整高光为+10、暗调为+20。

03 进入"细节"面板，调整锐化数量为59、半径为1.0、细节为45、蒙版为9，减少杂色为16、明亮度细节为50、明亮度对比为38、颜色为25、颜色细节为50、颜色平滑度为50。

04 选择"裁剪工具"对照片进行裁剪，但裁剪时你要观察这组照片适不适合运用一个裁剪模式来完成，我仔细观察了这组照片，左侧都有裁剪空间，这一裁剪结果将会应用到余下几幅照片上。

05 在Filmstrip栏的右上角点击隐藏菜单，选择"全选"，再选择"同步设置"。

06 在"同步"操作面板上，选择刚才你所调整的每一项步骤，没有调整的操作不要勾选，然后单击"确定"按钮结束，就完成了RAW格式照片在Camera Raw中的批量调整。

第 3 章

Photoshop技术解析

Photoshop是Adobe公司旗下最为出名的图像处理软件。多数人对于Photoshop的了解仅限于它是一个很好用的图像编辑软件，并不知道它的诸多应用领域。实际上，Photoshop的应用领域非常广泛，在图像、图形、文字、视频、出版等各方面都有涉及。Photoshop软件将向智能化、多元化方向发展，如果说有一款电脑图像处理软件是让人爱得深沉的，那一定是Photoshop图像处理软件。无论你对Photoshop的了解有多少，Photoshop绝对是对人们生活和工作影响最大的一款图像处理软件。

3.1 有关Photoshop设置

Photoshop是迄今为止世界上最畅销的图像编辑软件，它已成为许多涉及图像处理的行业的标准，它也是Adobe公司目前最大的经济收入来源。然而Photoshop最初发布时却名不见经传，如果不是密歇根大学一位研究生学生延迟毕业答辩，Photoshop或许根本就不可能被开发出来。诺尔两兄弟把Display不断修改为功能更为强大的图像编辑程序，其中进行过多次改名，在一个展会上，他们接受了一个参展观众的建议，把这个程序改名为Photoshop（中文意思是照片梦工厂）。这是一个历史性的更名，此后Photoshop成了全世界都家喻户晓的图像处理软件。

Photoshop 不同版本曾用过的启动界面

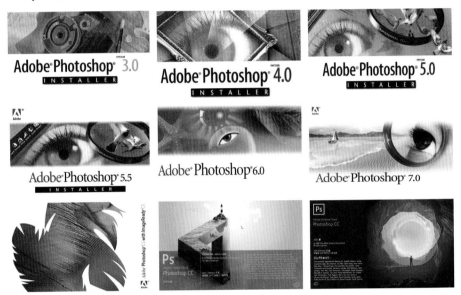

Photoshop 操作界面

①设置优化会考虑你的硬件配置，让Photoshop使用（L）：理想设置应该保持在50%~60%。

②勾选"使用图形处理器（G）"复选框：使用图形处理器可以激活某些功能和界面增强，它不会对已打开的文档启用OpenGL。

功能：旋转视图工具、鸟瞰缩放、像素网格、轻击平移、细微缩放、HUD拾色器、丰富光标信息、取样环（吸管工具）、画布画笔大小调整、硬毛刷笔尖预览、自适应广角、光效库以及所有3D效果。

增强：模糊画廊、智能锐化、选择焦点区域、图像大小与保留细节（仅用于OpenGL）、液化、操控变形、平滑的平移和缩放、画布边界投影、绘画、变换/变形。

③历史记录状态："历史记录"面板中所能保留的历史记录状态的最大数量。

高速缓存级别：图像数据的高速缓存级别数，用于提高屏幕重绘和直方图显示速度。请为具有少量图层的大型文档选择较多的高速缓存级别。所做的更改将在下一次启动Photoshop时生效。

高速缓存拼贴大小：Photoshop一次存储或处理的数据量。对于要快速处理的、具有较大像素的文档，请选择较大的拼贴。所做的更改将在下一次启动Photoshop时生效。

暂存盘：勾选所有分区硬盘，如果你的电脑安装的是Win7以上的操作系统，硬盘中C盘的分区最好在100GB以上，因为运行Photoshop时需要占用很多的C盘空间。

3.2　数码相机常用的文件格式

RAW格式

　　RAW的原意就是"未经加工"。可以理解为RAW格式图像就是CMOS或者CCD图像感应器将捕捉到的光源信号转化为数字信号的原始数据。RAW格式文件是一种记录了数码相机传感器的原始信息，同时记录了由相机拍摄所产生的一些原数据（Metadata，如ISO的设置、快门速度、光圈值、白平衡等）的文件。RAW是未经处理、也未经压缩的格式，可以把RAW格式概念化为"原始图像编码数据，更形象地称为"数字底片"。

　　RAW格式最大的优点就是可以将其转化为16位的图像，也就是有65 536个层次可以被调整，这对于JPEG格式文件来说是一个很大的优势。当编辑一个图像的时候，特别是当你需要对阴影区或高光区进行重要调整的时候，这一点非常重要。对于一个摄影人来说，RAW格式是最理想的选择。

DNG格式

　　美国Adobe公司在2004年9月发表了旨在统一数码单反相机广泛使用的图像文件格式"DNG"的文件格式。DNG格式是一种直接"原样"记录摄影元件输出的映像信号的文件格式，广泛用于美术摄影等领域。以RAW格式输出的图像文件，一般不能通过数码相机普及机型进行自动调整白平衡以及锐度等图像处理。对摄影师而言，DNG 格式的主要优点有：

　　●DNG 格式有助于提升存档信心，因为数字图像处理软件解决方案能够在将来更轻松地打开原始数据文 件；

　　●处理来自多家厂商或多种型号的相机原始数据文件时，单一的原始数据处理解决方案能提高工作流程 的效率；

　　●一个公开并且可以随时获取的存档规范更容易被相机制造商所采用，而且更易于更新以适应未来技术 的发展。

JPEG格式

　　JPEG是Joint Photographic Experts Group（联合图像专家组）的缩写，文件后缀名为"jpg"或"jpeg"，是最常用的图像文件格式，是一种有损压缩格式，能够将图像压缩在很小的储存空间，图像中重复或不重要的资料会被丢失，因此容易造成图像数据的损伤。尤其是使用过高的压缩比例，将使最终解压缩后恢复的图像质量明显降低。如果追求高品质图像，不宜采用过高压缩比例。但是JPEG格式的压缩技术十分先进，它用有损压缩方式去除冗余的图像数据，在获得极高压缩率的同时能展现十分丰富生动的图像。换句话说，就是可以用最少的磁盘空间得到较好的图像品质。JPEG格式是一种很灵活的格式，具有调节图像质量的功能，允许用不同的压缩比例对文件进行压缩，支持多种压缩级别，压缩比率通常在10:1~40:1，压缩比越大，品质就越低；相反，压缩比越小，品质就越好。

TIFF格式

　　TIFF是最复杂的一种位图文件格式。TIFF格式是基于标记的文件格式，广泛地应用于对图像质量要求较高的图像的存储与转换。由于结构灵活和包容性大，它已成为图像文件格式的一种标准，绝大多数图像系统都支持这种格式。

　　TIFF图像压缩格式相当值得赞赏，因为它几乎是无损失的——在压缩的过程中不会丢失任何信息。TIFF格式文件要比JPEG格式文件大，不过在你创建、编辑和保存TIFF格式文件时不会损失画质、出现颜色的变化。

　　在处理TIFF格式时，在你保存相片时，不会遇到RAW格式所出现的问题，也不会担心损失色彩信息。要想得到超强画质，将你的相机配置为保存文件的格式为TIFF格式，并一直保持这种格式。或者你可以在相机上将保存格式设定为JPEG格式，而后转到电脑上准备编辑时，执行"文件"〉"另存为"命令，选择TIFF格式。一开始为JPEG格式时，你也许会失去一些画质。

3.3　搞懂图像分辨率

　　图像分辨率是指图像中每单位打印长度上显示的像素数目，通常用像素/英寸表示。在Photoshop中，可以更改图像的分辨率；而在Image Ready中，图像的分辨率始终是72像素/英寸。这是因为Image Ready应用程序创建的图像专门用于联机介质而非打印介质。

　　在Photoshop中，图像分辨率和像素尺寸是相互依存的。图像中细节的数量取决于像素尺寸，而图像分辨率控制打印像素的空间大小。

　　打印时，分辨率高的图像比分辨率低的图像包含更多像素，因此像素点更小。高分辨率的图像通常比低分辨率的图像重现更详细和更精细的颜色变化。但是，增加低分辨率图像的分辨率只是将原始像素的信息扩展为更大数量的像素，而几乎不提高图像的品质。

　　显示器分辨率是指显示器上每单位长度显示的像素或点的数量，通常以点/英寸来表示。显示器分辨率取决于显示器的大小及其像素设置。大多数新型显示器的分辨率大约为96点/英寸，而较早的Mac OS显示器的分辨率为72点/英寸。

　　打印机分辨率即所有激光打印机（包括照排机）产生的每英寸的油墨点数。大多数桌面激光打印机的分辨率为600点/英寸，而照排机的分辨率为1200点/英寸或更高，喷墨打印机产生的是喷射状油墨点，而不是真正的点。但是，大多数油墨打印机的分辨率在300点/英寸和600点/英寸之间，在打印高达150像素/英寸的图像时，打印效果更好。

　　图像数字大小，度量单位是千字节（K）、兆字节（MB）或吉字节（GB）。文件大小与图像的像素尺寸成正比。在给定的打印尺寸下，像素多的图像产生更多的细节，但它们所需的磁盘存储空间也更多。图像分辨率也因此成为图像品质和文件大小之间的代名词。

3.4 数码相机的色彩是如何采集的

认识相机的传感器

目前，我们用的数码照相机所用的感光元器件有的是CCD，有的是COMS，但是无论是哪款图像传感器，都有一个很严重的缺陷：它只能感受光的强弱，无法感受光的波长。由于光的颜色由波长决定，所以这样的图像传播器无法记录颜色，也就是说，它只能拍黑白照片，这肯定是不能接受的。

1974年，柯达公司的工程师布赖斯·拜尔提出了一个全新方案，只用一块图像传感器，就解决了颜色的识别问题。他的做法是在图像传感器前面设置一个滤光层(Colorfilter Array)，上面布满了滤光点，与下层的像素一一对应。也就是说，如果传感器是1600像素×1200像素，那么它的上层就有1600个×1200个滤光点。CCD、COMS捕捉照片信息，拜尔滤镜捕捉色彩，使数码相机趋于完善。

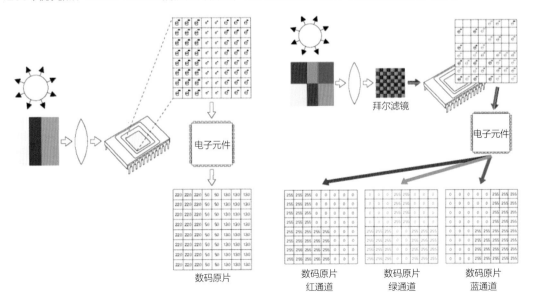

3.5 色彩空间管理

Adobe RGB和sRGB色彩空间的主要区别，首先在于开发时间和开发厂家不同。sRGB色彩空间是美国的惠普公司和微软公司于1997年共同开发的标准色彩空间（Standard Red Green Blue），由于这两家公司的实力强，他们的产品在市场中占有很高的份额。而Adobe RGB色彩空间是由美国以开发Photoshop软件而闻名的Adobe公司于1998年推出的色彩空间标准，它拥有宽广的色彩空间和良好的色彩层次表现。与sRGB色彩空间相比，它还有一个优点，即Adobe RGB还包含了sRGB所没有完全覆盖的CMYK色彩空间。这使得Adobe RGB色彩空间在印刷等领域具有更明显的优势。

其次，两种色彩空间所包含的色彩范围不同。Adobe RGB有更加宽广的色彩空间，能再现更鲜艳的色彩，因为Adobe RGB比sRGB具有更大的色彩空间，此外，在图像处理和编辑方面有更大的自由度。此外，二者应用范围不同。"sRGB"意为"标准RGB色彩空间"，这一标准应用的范围十分广泛，其他许多的硬件及软件开发商也都采用了sRGB色彩空间作为其产品的色彩空间标准，逐步成为许多扫描仪、低档打印机和软件的默认色彩空间，同样采用sRGB色彩空间的设备之间，可以实现色彩相互模拟。同时，sRGB这一色彩空间也是为Web设计者而设计的。因此大部分显示屏无法再现Adobe RGB的色彩空间，对我们摄影人来说应该配备一台支持Adobe RGB的显示器。

对于从事摄影艺术创作或广告等商业摄影的摄影者来说，如果在拍摄时不能确定摄影作品的用途，而影像需要长期保存，或是照片常常要用于平面设计、印刷等出版物，那么，毫无疑问，你应该在数码照相机中选择使用Adobe RGB色彩空间，它能获得更佳的色彩层次，并能够在印刷品中得以表现。而且，随着今后技术水平的提高，使用具有更丰富色彩的Adobe RGB色彩空间的数码影像处理设备一定会越来越多。

通过对Adobe RGB和sRGB色彩空间的比较，我们能够清楚地看到：采用Adobe RGB色彩空间的影像，其色彩及层次的表现要明显优于采用sRGB色彩空间的影像。目前，专业数码单反相机以及高端民用数码相机基本上都有Adobe RGB和sRGB这两种色彩空间可供选择，这一点从色彩表现能力这个角度，也反映了数码单反与家用相机之间的档次差异。由于数码影像将在各种关联的设备中得到应用，而各种不同的数码影像处理设备都有各自的色彩空间，因此，色彩管理是一个系统性的管理工作，色彩空间的设置必须要求设备相匹配，这样才能最大限度地保障色调的完美和谐和统一。

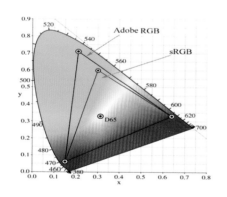

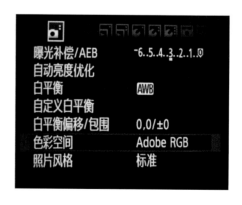

从文件名称来识别Adobe RGB 和 sRGB

当你在数码相机中选择一种色彩空间，从文件名称就能识别你选择的是哪一种色彩空间。以佳能相机为例，如果你的相机设置的是Adobe RGB色彩空间，那么，文件名称的前方会有一个下划线"_"，sRGB色彩空间下划线"-"则在中间。

启动Photoshop，选择"编辑/颜色设置"命令，打开"颜色设置"控制面板，点击"更多选项"按钮，就可以看到全部面板，从上到下分别有5个版块，分别为设置、工作空间、色彩管理方案、转换选项和高级控制。

在工作空间"RGB："的设置栏里，如果你的相机设置的色彩空间是sRGB，你必须选择"sRGB"；如果你的相机选择的色彩空间设置是Adobe RGB，那么这个复选框里你必须选择"Adobe RGB（1998）"，这样才能使你的相机和软件的色彩空间设置相匹配。在"CMYK："设置为"Japan Color 2001 Coated"日本印刷模式，因为中国印刷模式更接近日本印刷模式。"灰色："设置"Dot Gain 15%"，"专色："设置"Dot Gain15%"，"色彩管理方案"；全部选择"保留嵌入的配置文件"复选框，并勾选"使用黑场补偿"等三个复选框。

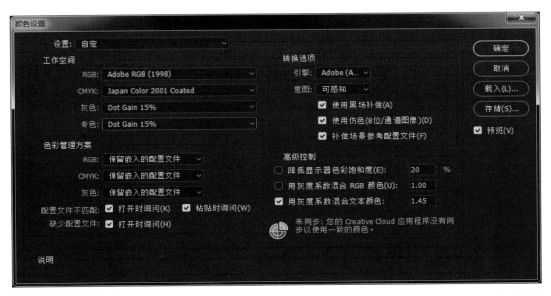

在Photoshop软件调整后的照片，如果你的相机设置的色彩空间是Adobe RGB或是RAW格式拍摄的照片，那么你必须执行"转换为配置文件"，选择sRGB色彩空间模式上网传输照片，因为我们大多数显示器是非专业的，显示器的色彩空间只有sRGB，否则你传到网上的照片会与你在Photoshop软件所调整的照片色彩有非常大的差异。在弹出的面板空间目标RGB（G）"配置文件："选择"sRGB IEC61966-2.1"，用于印刷要选择CMYK模式输出。

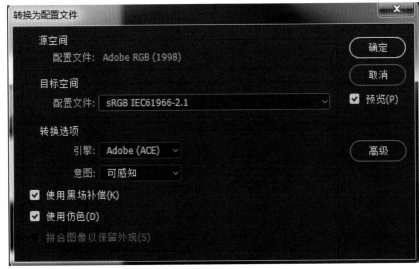

3.6　修改图像大小和画布大小

图像大小命令可以修改图像的分辨率、像素大小和尺寸大小。尺寸相同的图像，其分辨率越高，图像越清晰，反之亦然。

像素大小选项组：用于显示图像"宽度"和"高度"的像素值，如果在其右侧的列表框中选择"百分比"选项，即以占原图的百分比为单位显示图像的宽度和高度。

自动：单击"自动"按钮，弹出对话框，可以设置输出设备的网点频率。

画布大小画布大小是指整个文档的工作区域的大小，并且包括图像以外的文档区域。修改画布大小不影响图像尺寸，而只是将画布的大小改变，一般用来增加工作区域。可以扩展画布，也可以裁切画布。执行"图像"→"画布大小"命令，直接输入宽、高即可。

当前大小：在此区域显示图像当前的大小即宽度及高度。

新建大小：在此数值框中输入图像文件的新尺寸。刚打开"画布大小"对话框时，此区域的数值与"当前大小"区域的数值一样。

相对：选择此选项，在"宽度"及"高度"数值框中显示图像新尺寸与原尺寸的差值。

定位：单击"定位"框中的箭头，以设置新画布大小尺寸相对于原尺寸的位置。其中的空点为缩放的中心点。

画布扩展颜色：在该下拉菜单中可以选择扩展画布后新画布的颜色，也可以直接单击右侧的色块，在弹出的"拾色器"对话框中选择一种颜色，作为扩展后的画布设置扩展区域的颜色。

3.7　图层

　　图层是Photoshop的核心，Photoshop几乎所有的应用都是基于图层进行的，很多强劲的图像处理功能也是图层所提供的。在过去的Photoshop里有很多特效我们不得不通过通道或是路径来制作，而到了6.0版本以上，基本上所有的特效我们都可以用图层来完成。Photoshop图层就如同堆叠在一起的透明纸，你可以透过图层的透明区域看到下面的图层；可以移动图层来定位图层上的内容，就像在堆栈中滑动透明纸一样；也可以更改图层的不透明度以使内容部分透明。

混合模式

❶ 锁定透明像素　❷ 锁定图像像素
❸ 锁定位置　❹ 锁定全部

链接图层　图层样式　图层蒙版　调整新图层　创建新图层　新建图组　删除图层

可以根据个人的习惯选择"面板选项"来设置缩略图大小

不透明度

混合模式后调整不透明度来完成图像调整效果

图层功能

"图层"面板上显示了图像中的所有图层、图层组和图层效果，可以使用"图层"面板上的各种功能来完成一些图像编辑任务。使用图层模式改变图层上图像的效果，可以对图层的光线、色相、透明度等参数进行修改来制作不同的效果

图层样式

图层样式是Photoshop中一个用于制作各种效果的强大功能，利用图层样式功能，可以简单快捷地制作出各种立体投影、质感以及光景效果的图像特效。与不用图层样式的传统操作方法相比较，图层样式具有速度更快、效果更精确、更强的可编辑性等无法比拟的优势

图层管理

Photoshop提供了非常方便、快捷的面板预设，你可以在最短的时间内完成对图层的管理

把鼠标放到图层窗口，单击鼠标右键会弹出图层窗口预设命令，选择颜色可以为图层指定颜色

当你把鼠标放到图层上，单击鼠标右键会弹出图层管理的所有命令

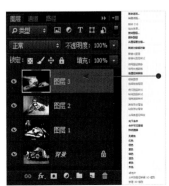

隐藏图层

在Photoshop的日常使用中，有时在图层过多的情况下，为了方便调整或者是观看比较效果，会隐藏掉一些图层。

其实在Photoshop隐藏图层的方法很简单，只要打开"图层"面板，点击"图层"面板前面的"眼睛"就可以隐藏图层了。在照片调整时应该养成一种习惯，每调整一步都隐藏一下图层，以便和下一图层做对比，及时判断这一步的调整效果，以便做出相应调整和修改。

扩展图层面板

Photoshop提供了机动灵活的操作界面。随着调整图层的不断增加，图层的显示数量已经不能满足我们的需要。可以对"图层"面板进行扩展，把鼠标放到"图层"面板下方会出现一个上下箭头图标，向下拖曳鼠标可以拉伸"图层"面板；也可以把鼠标放到"图层"面板左侧，拉伸图"层面"板的宽度；还可以在"图层"面板上点击"图层"，使"图层"面板与其他面板分离。

转换为智能对象

Photoshop中的"转为智能对象"，主要指矢量图在缩放时不失真，而不会出现变形造成的画质损失现象。

使用滤镜对照片调整时往往会对照片产生破坏性的损伤，为了避免在使用滤镜时对照片造成损伤，我们可以在"图层"面板上单击鼠标右键，将照片"转为智能对象"，或者点击"滤镜"菜单选择"转为智能滤镜"。转为智能滤镜后，滤镜会在照片下方出现遮罩，我们可以对滤镜重新编辑，也可以在遮罩上用画笔工具修改。

栅格化图层

栅格化图层的意思是把路径转化成图像，也就是把矢量图转化成位图。矢量图跟位图处理方法不同，为了使用位图的处理方法就得进行栅格化。例如文字层是矢量图层，未栅格化之前你可以调整字符大小、字体，但是不能填充渐变，不能使用高斯模糊扭曲等滤镜。栅格化后可以使用滤镜、填充，但是栅格化后就再也不能改字体字号了。

什么情况下使用盖印图层

盖印图层与合并可见图层的区别是：合并可见图层是把所有可见图层合并到了一起，变成新的效果图层，原图层就不存在了；而盖印图层的效果与合并可见图层后的效果是一样的，但原来进行操作的图层还存在。也就是说合并可见图层是把几个图层变成一个图层，而盖印图层是在几个图层的基础上新建一个图层，且不影响原来的图层。

盖印的作用是将可见图层效果整合到一个新图层中，操作步骤是：A选中要达到盖印效果的图层；B新建一个透明图层（点击新建图层图标即可）将此新图层移到最前面（最顶端）；C同时按Ctrl+Alt+Shift+E组合键即建立了盖印效果的图层。

也许你会问在什么情况下要使用盖印图层。在多图层操作时，可以根据用途来确定：使用调整图层没有的选项时可以使用盖印图层，如阴影高光、匹配颜色或者滤镜及工具等；用于图层的混合模式时可以使用盖印图层。

图层混合模式

图层混合模式决定当前图层中的像素与其下面图层中的像素以何种模式进行混合，简称图层模式。图层混合模式是Photoshop中最核心的功能之一，也是在图像处理中最为常用的一种技术手段。我们将在后面的章节中，针对"混合模式"进行详细的解读。

打开文件，把素材1文件拖曳到素材2文件上，混合模式为"正片叠底"，再调整一下图层1的亮度对比度，添加蒙版遮盖一下。

混合选项换天技术

01 图层样式能够调整、修改多种图层效果，是Photoshop中一个非常常用的功能，可以对图形或文字添加投影、外发光、浮雕和描边等金属效果。图层样式另外一个特点就是混合选项。导入天空素材照片，点击"图层"面板下方的"添加图层样式"按钮，在下一图层上按住Alt键分离暗部滑块，拖动到89、119的位置。

02 经过混合选项后场景中还有残留的天空影像，可以添加图层蒙版，选择"画笔工具"，设置前景色为黑色，擦除残留影像。

03 混合模式操作完成后再整体调整画面的明暗对比。点击"图层"面板下方的"调整"按钮，选择"曝光度"，曝光度为+0.45、灰度系数校正为0.80。

3.8 通道

有人说："通道是核心，蒙版是灵魂。"通道作为图像的组成部分，与图像的格式密不可分。图像颜色、格式的不同决定了通道的数量和模式，在通道面板中可以直观地看到。具体来说：通道就是选区。

通道是色彩模式的划分，不同色彩模式通道不同，如RGB、CMYK、Lab等，通道就是将不同色系作为单独的通道来进行计算的。通道以黑白色灰度表现，表示的是该通道的量，改变通道的灰度直接影响图像本身的色彩效果。比如，RGB模式的图像有3个通道，分别是红、绿、蓝。在红色通道中看到白色区域表明图像中该区域含有红色，而色彩的浓度由通道中的黑白灰度来表示。

▲ Lab 通道

▲ RGB 通道

▲ CMYK 通道

通道的主要内容分以下三部分。

①通道是保存信息的地方，它是按照8位来存储信息的，而Photoshop的图层是按照24位存储信息的，因此，如果使用图层存储信息会占用很大的硬盘空间，而如果用通道保存信息，就可以少占用硬盘的空间。许多标准图像格式为TIF、TGA等均可包含通道信息，这样就更大程度上方便了不同的应用程序来进行信息共享。

②通道实际是图像选择区域的映射：完全为黑色的区域表明完全没有选择；完全为白色的区域表明完全选择；灰度的区域由灰度的深浅来决定选择程度，用来告诉应用程序哪些部分需要透明，哪些部分不需要透明。

③通道还可以进行图像的运算合成，从而产生很多特效。另外，真正的图像处理专家是通过通道来对图像进行精确调整的。通道不管是在RGB图像中还是在CMYK图像中，所显示的都是黑、白、灰3种颜色。所以可以单独把通道分离出来，从而对每幅图像进行精确的色彩调整。

位通道

在灰度RGB或CMYK模式下，可以使用16位通道来代替默认的8位通道。在默认情况下，8位通道中包含256个色阶，如果增到16位，每个通道的色阶数量为65536个，这样能得到更多的色彩细节。Photoshop可以识别和输入16位通道的图像，但对于这种图像限制很多，所有的滤镜都不能使用，另外16位通道模式的图像不能达到印刷的要求。

简单来说就是16位比8位可以表达的颜色数量要多，但很多颜色肉眼是看不出来的，所以8位对于肉眼的要求就够用了。以亮度为例：假定最暗为0，最亮为一个指定的亮度（例如晴天散射光射在白纸上的亮度），将这个白纸的亮度分为0~255，共256级，是2的8次方，这256级就是8位颜色；如果这个亮度范围分为2的16次方，就有65536级亮度。人眼能分辨的色彩、亮度差异有限，同样，显示器能再现的色彩、亮度差异也有限，给人的感觉是8位和16位没有什么差别，实际情况是65536比256能表现更细腻的色彩和明暗层次，如果将照片放大到一定比例，或者经更精密的仪器监测或设备输出，8位和16位之间就能体现出差异了。

通道抠图实例

在后期处理时，抠图是最常用的一种手段，虽然Photoshop抠图的方法很多，但是利用通道的颜色通道特点，可以完成较为复杂的图像抠图，特别是头发、动物、植物等带有毛茸茸的边缘的复杂图像，通道抠图总能给我们带来惊喜。

复制两个图层，在图层2对人物除头发以外的边缘用"钢笔路径工具"做精细的描绘，头发细节先不做细致描绘，然后点击图层3进入通道，选择一个对比强烈的RGB通道的红、绿、蓝进行复制，通过计算来强化明暗对比度提取选区，利用图层蒙版来实现精细抠图的效果。可以说这个方法实现的效果比单独使用一个图层要细腻得多，是值得掌握的一个抠图的好方法。

▲ 抠图素材

01 复制两个背景图层，点击"图层"面板前面的小眼睛隐藏背景和背景拷贝2图层，在背景拷贝图层选择"钢笔路径工具"，沿边界画出路径，提取选区后再删除背景，然后回到背景拷贝2图层，打开前面的小眼睛进入"通道"面板。

02 进入"通道"面板，复制绿色通道，单击菜单栏"图像"→"计算"，在弹出的"计算"对话框中混合选项"叠加"，当然你也不需要计算而选择"色阶"来调整对比。

03 选择"画笔工具",在属性栏上更改画笔模式为"叠加",设置前景色为"白色",擦除背景。

04 设置前景色为"黑色",选择"画笔工具",在头发的空白处涂抹,操作完成后提取选区,再点击"RGB"通道。

05 进入"图层"面板,在菜单栏"选择"→"载入选区",通道为"Alpha 1",出现蚂蚁线后再点击"图层"面板下方的添加图层蒙版按钮,在图层"蒙版"上选择"画笔工具",调整画笔的不透明度对头发边缘进行精细调整。

3.9 蒙版

　　蒙版在Photoshop里的应用相当广泛，蒙版是将不同灰度的色值转化为不同的透明度，并作用到它所在的图层，使图层不同部位透明度产生相应的变化。黑色为完全透明，白色为完全不透明。蒙版最大的特点就是可以反复修改，却不会影响到本身图层的任何构造。如果对蒙版调整的图像不满意，可以去掉蒙版，原图像又会重现。

　　简单地说，蒙版就是遮罩，需要表现在画面上的图像不遮盖，不需要的则完全遮盖。也可以这样理解，白色蒙版完全不遮盖，黑色蒙版完全遮盖。比如我们用丝网印刷服装，在丝网版上需要印刷的图案网点是完全打通的，而图案以外则是完全封闭的网点，印刷完成后撤掉丝网版时，图案已经完全印在服装上了，其实蒙版也是这个道理。

1.剪切蒙版实例

　　在Photoshop中可以创建不同类型的蒙版，包括快速蒙版、剪贴蒙版、矢量蒙版和图层蒙版。

　　剪贴蒙版使用下面图层（基底图层）中图像的形状来控制上层图像的区域显示。剪贴蒙版可以应用于多个图层，但是这些图层必须是相邻的、连续的图层，通过一个基底图层来控制多个图层的显示区域。

原片

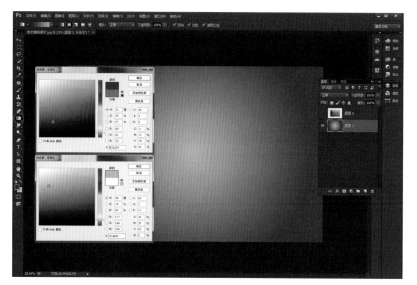

01 缩小照片放到画面的中间位置，点击小眼睛隐藏图层。新建图层拖曳到底层，设置前景色R为69、G为61、B为52，背景色R为177、G为166、B为146，选择"渐变工具""径向"模式，在画面上拉出渐变。

02 打开隐藏图层，选择"自定形状工具"，在属性栏单击"形状"窗口，选择35毫米胶片在画面上拖曳鼠标。

03 单击图层1，选择"矩形工具"在画面上拖曳出与胶片大小一致的矢量矩形。

04 点击菜单栏"图层"→"创建剪贴蒙版",也可以把鼠标放到本图层上,单击鼠标右键选择创建剪贴蒙版。需要提醒的是,使用剪贴蒙版图层在上,需要创建矢量矩形图层在下,否则将无法完成。

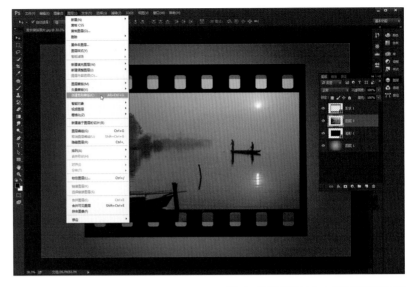

05 回到最顶层,在"图层"面板单击"添加图层样式"按钮,选择"投影",混合模式为正片叠底,不透明度为35%,距离为13像素,大小为21像素。

06 经过剪贴蒙版的操作,我们完成了一个胶片效果的制作。

2.矢量蒙版实例

矢量蒙版也是通过形状控制图像显示区域的，与剪贴蒙版不同的是它仅能作用于当前图层，并且与剪贴蒙版控制图像显示区域的方法也不相同。矢量蒙版中创建的形状是矢量图，可以使用钢笔工具和形状工具对图形进行编辑修改，从而改变蒙版的遮罩区域，也可以对它任意缩放而不必担心产生锯齿。

原
片
◀

▼ 调整后的效果

01 首先点击图层上的锁图标解锁，然后放大照片，选择"钢笔路径工具"画出路径，配合Alt键调整弧度。

02 "钢笔路径工具"描绘完成后，把鼠标放到起始点时，钢笔下会出现"o"，然后按Ctrl+Enter组合键提取"蚂蚁线"，点击菜单栏"选择"→"反选"，再点击"图层"面板下方的添加图层蒙版按钮。

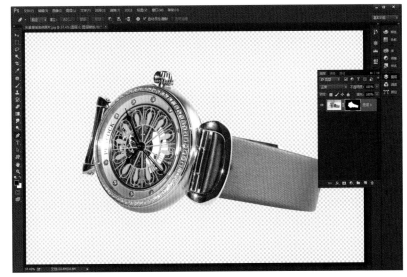

03 新建图层，然后点击新建图层不放，拖曳到最底层，设置前景色，R为153、G为134、B为98；背景色，R为255、G为249、B为227，选择"渐变工具""径向"渐变模式做出渐变。

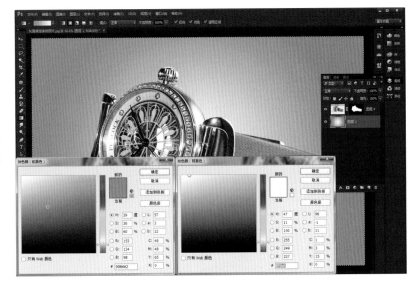

04 复制图层后删除图层蒙版，按住Ctrl键点击"图层0"蒙版，提取"蚂蚁线"，执行"反选"，删除背景。

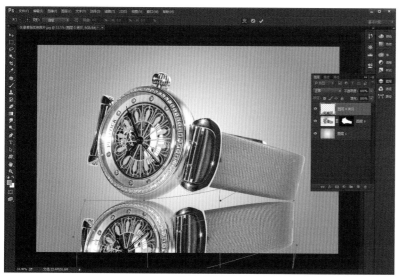

05 下面我们要制作投影效果。执行垂直翻转，选择"变形"命令，调整好角度和位置。

06 添加蒙版，选择"渐变工具"，用线性渐变在画面上拖曳鼠标，完成投影效果。

3.快速蒙版实例

快速蒙版用来创建、编辑和修改选区。在快速蒙版状态下,被选取的区域显示为原图,未被选取的区域会覆盖一层半透明的颜色。将选区作为蒙版来编辑的优点是几乎可以使用任何Photoshop工具或滤镜修改蒙版。

原片1▶
原片2▼

01 打开两张照片,拖曳原片2到原片1文件上调整位置,在工具栏上点击"快速蒙版"按钮,然后选择"画笔工具"画出需要描绘的区域,画出的区域可以转换前景色白色擦除。

02 完成后再点击"快速蒙版"按钮，退出快速蒙版后画面会出现"蚂蚁线"，点击菜单栏"选择"→"反选"。在工具箱上选择"快速选择"工具，再点击属性栏"选择并遮住"按钮。

03 在弹出的操作面板上用"调整边缘画笔工具"涂抹选区边缘，需要配合下面的"画笔工具"对边缘进行精细抠图，再调整其他设置。

04 如果感觉抠图效果不够理想，可以在图层2上添加图层蒙版，选择"画笔工具"在蒙版上做出修改。

3.10 填充

在Photoshop编辑栏里的"填充"，是非常实用的一项功能。当你选择"填充"后，在操作面板的"内容"选项栏里有几种形式以供选择，包括前景色、背景色、颜色（你可以自定义颜色）、内容识别、图案、历史记录、黑色、50%灰色、白色。

我们经常用到的恐怕就是"内容识别"，在我看来该功能是神来之笔，利用"内容识别"移除画面上的不必要元素非常方便，而且还可以扩充后填充缺失像素。当然这种填充是小面积的填充，有时可能因为填充面积过大不能达到预想效果，或者系统内存占用太多无法执行操作。下面就用实例详细介绍这项功能。

裁剪

Photoshop CC 2015.5新增内容感知技术，在使用"裁剪工具"旋转或拉直照片，或遮盖超出照片原始大小的区域时可自动填满空隙。使用"裁剪工具"时，在选项中选中"内容感知"即可。

有时候感觉照片好像有点紧凑，埋怨自己为什么当时不多取一点呢？其实这种现象在后期完全可以解决。

选择"裁剪工具"向上扩展画面，在属性栏勾选"内容识别"复选框，按回车键或者点击属性栏上的"对号"结束。

填充后的区域和原图完全融合在一起，天衣无缝，这就是"裁剪工具"内容识别给我们带来巨大的方便，它可以自动识别临近的照片信息并自动填充复杂的照片图像，但是需要注意的是，在图像填充受限的情况下选取不宜过大，否则"内容识别"无法达到令你满意的效果。

内容识别填充

以往我们处理相机污点或照片场景中的垃圾用修补工具、修复画笔工具、图章工具，这就好比手动操作，而内容识别填充就更加智能化了，操作时你可以选择套索工具在画面上套索你所要移除的东西，然后单击菜单栏"编辑"→"填充"，或者按住Shift+F5组合键打开"填充"命令来完成操作。

填充50%灰色的用途

填充命令中的50%灰色与色板中的50%灰度值不同，一般情况下用来降低明度，使整体变暗、降低对比度、皮肤处理等，在不同的混合模式下效果也有所不同。比如这个实例追求的是低饱和度效果，在"图层"面板新建一个图层，然后单击菜单栏"编辑"→"填充"→"50%灰色"，混合选项"颜色"，不透明度为55%，这样就变成低饱和度效果，也可以提高不透明度做消色处理。

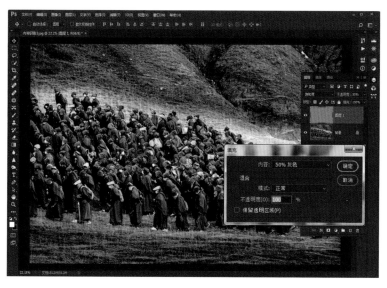

对于那些明度较高的照片可以通过填充50%的灰色，调整模式选项或降低不透明度的百分比，最后通过图层面板的混合选项来改变照片的对比，从而获得满意的效果。

3.11 运用应用图像为两寸照换背景

　　应用图像命令是比较灵活的溶图工具，功能极其强大，它可以将一个图层和通道从一幅图像混合或应用到另一幅图像中，类似于"图层"面板的图层模式一样将不同图层混合在一起，但应用图像命令具有混合单个通道的功能。

　　图层混合模式是同一文件的相邻图层的混合，混合时两个图层的每个通道都会参与其中，结果使得合并图层发生变化。而应用图像命令可以实现来自同一文件或不同文件图像与图像、图像与图层、图像与通道、图层与图层、图层与通道、通道与通道的混合，混合结果直接改变当前照片。显然应用图像比图层混合应用范围更广。

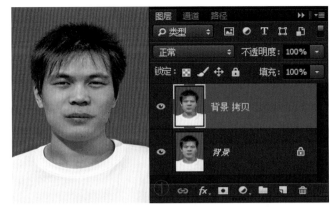

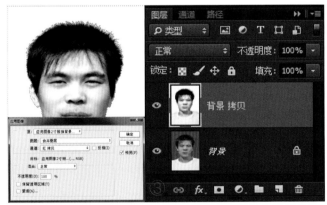

❶打开照片，复制背景图层。
❷进入"通道"面板，复制"红色"通道，打开"色阶"命令，拖曳亮部和暗部控制滑块到246、8的位置。
❸回到"图层"面板单击菜单栏"图像"→"应用图像"，在通道窗口选择"红色拷贝"通道，混合为"正常"，选择"磁性套索工具"提取人物选区。
❹点击"图层"面板下方的添加图层蒙版按钮，添加图层蒙版，选择"画笔工具"，设置前景色为"白色"，擦除头发边缘。

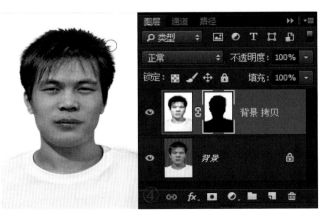

3.12 计算

计算命令首先在两个通道的相应像素上执行数学运算，然后在单个通道中组合运算结果。

原片的天空有些过亮，我们想为天空再增加一些厚重感，还要控制天空的色彩鲜艳度，可以通过计算来试试。

◀ 原片

01 进入"通道"面板，复制蓝色通道，单击菜单栏"图像"→"计算"，混合模式为正片叠底，计算结束后就会增加一个在Alpha 1通道，按住Ctrl+A组合键全选，然后按Ctrl+C组合键复制Alpha1通道。

02 回到"图层"面板按Ctrl+V组合键粘贴，混合选项"正片叠底"，添加图层蒙版，选择"画笔工具"擦除山以下区域。

3.13 色彩范围

　　色彩范围是一种通过指定颜色或灰度来创建选区的工具，由于这种指定可以准确设定颜色和容差，使得选区的范围较易控制。虽然魔棒也是设定一定的颜色容差来建立选区的，但色彩范围提供了更多的控制选项，更为灵活，功能更强。菜单栏的色彩范围与"图层"面板的颜色范围虽然功能一样，但是用途不同，色彩范围作用于本图层，而颜色范围则作用于所有图层，我们将在第7章对颜色范围技术做详细介绍。

▲ 原片1

▲ 原片2

▲ 调整后的效果

01 同时打开色彩范围原片1和原片2，点击"色彩范围原片1"标题，游离文件拖曳到"色彩范围原片2"文件上。

02 点击背景图层前面的小眼睛隐藏背景图层，在图层1上点击鼠标。

03 点击菜单栏"选择"→"色彩范围"，在弹出的"色彩范围"对话框中设置颜色容差为3，选择"添加到取样工具"按鼠标左键不放，在岩石和海鸥上滑动鼠标。

04 单击色彩范围确定按钮后，在工具栏选择"套索工具"并配合属性栏上的"布尔运算"来修改选区。再点击"图层"面板下方的添加图层蒙版按钮。

05 点击"图层"面板下方的调整按钮，选择"曝光度"，调整曝光度为+0.32、灰度系数校正为0.79。

06 画面感觉有些偏蓝，我们可以利用曲线的通道来降低蓝色色彩饱和度。点击"图层"面板下方的调整按钮，选择"曲线"，选择蓝色通道，在对角线的二分之一处点击鼠标向下拖曳鼠标。

07 合成后发现前景岩石的红色饱和度显得过高。点击"图层"面板下方的调整按钮选择"色彩平衡"，设置青色/红色为-10、洋红/绿色为-22，黄色/蓝色为+10，在图层蒙版上填充黑色，选择"画笔工具"擦除岩石。

▲ 原片1

3.14　焦点区域

　　焦点区域的选定方法是自动选择图像中的焦点元素，通过自动运算而轻易得到的抠图结果，但这种自动运算有时不够精确，需要通过"焦点区域相加"和"焦点区域相减工具"，随时调整画笔大小通过手动的形式完成，配合与"快速选择工具"相同的"调整边缘"可以完成更加复杂的抠图。

　　"焦点区域"对话框会自动运算出一个参考结果，对于简单的背景抠图自动的效果非常不错，可以大大提升抠图效率，可是对于复杂背景抠图，自动就难以令人满意了，这就要求我们配合"焦点区域相加"和"焦点区域相减"工具来完成抠图区域的套索。设置结束后点击"调整边缘"按钮，抠图将进入下一阶段图像边缘的调整。

▲ 原片2

▲ 调整后的效果

01 打开照片，点击菜单栏"选择"→"焦点区域"，在弹出的"焦点区域"对话框调整焦点对准范围为4.36、图像杂色级别为0.020，配合"焦点区域相加"和"焦点区域相减"工具来提取选区，操作结束后按"选择并遮住"按钮进入下面的调整。

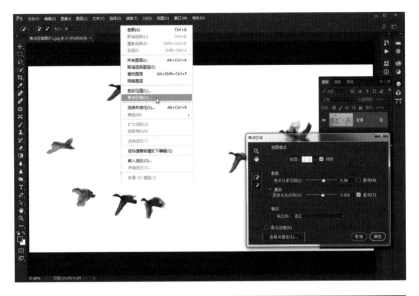

02 进入"选择并遮住"操作面板，选择"调整边缘画笔工具"在物体的边缘涂抹，注意随时调整画笔大小，配合"画笔工具"调整好边缘及各项设置，选择输出到带有图层蒙版的图层。

03 在图层蒙版上选择"画笔工具"，擦除抠图边缘的不自然感，缩放野鸭文件到画面合适的位置，掌握好大小比例关系是合成最为重要的环节。

04 野鸭照片与背景照片相比有些亮了，复制图层，混合模式为正片叠底，更改不透明度为30%。

05 现在我们需要整体提高照片的亮度对比度，盖印图层，混合模式为柔光，不透明度为30%。

06 点击"图层"面板下方的调整按钮，选择"曝光度"，调整曝光度为+1.81、灰度系数校正为0.76，选择"渐变工具"遮盖天空以下区域。

3.15 常用滤镜

1. 消失点滤镜

使用消失点滤镜可以根据透视原理，在图像中生成带有透视效果的图像，轻易创建出效果逼真的图像。另外该滤镜还可以根据透视原理对图像进行校正，使图像内容产生正确的透视变形效果。当你使用消失点来修饰、添加或移去图像中的内容时，结果将更加逼真，因为系统可准确确定这些编辑操作的方向，并且将它们缩放到透视平面上。

首先在预览图像中指定透视平面，然后就可以在这些平面中绘制、仿制、拷贝、粘贴和变换内容。消失点工具(选框、图章、画笔及其他工具)的工作方式与Photoshop主工具箱中的对应工具十分类似。

▲ 消失点滤镜实例原片1

▲ 消失点滤镜实例原片2

▲ 使用消失点滤镜后的效果

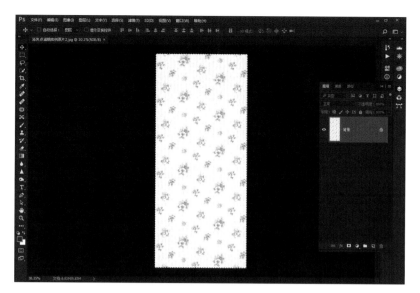

01 打开消失点滤镜实例原片，按住Ctrl+A组合键全选、Ctrl+C组合复制花纹照片。

02 打开消失点滤镜实例原片，点菜单栏"滤镜"→"消失点"（Alt+Ctrl+V组合键）。我们先做个移除画面图像训练，选择"创建平面工具"在床上花的位置拖曳出平面网格。

03 选择"图章工具"在白色床单部位按住Alt键取样，然后移动鼠标到花的位置覆盖，这里的"图章工具"与Photoshop工具栏的"图章工具"使用方法一样，但是消失点"图章工具"则是在框选透视范围内进行，是带有透视关系的去除杂物修饰。

04 再次选择"创建平面工具",按画面图示位置创建填充平面网格。

05 把鼠标放到网格的中心点上,按住Ctrl键不放,向下抻出底边。

06 把鼠标放到抻出的底边右侧中心点位置,按住键盘上的Alt键不放,会出现旋转箭头图标,然后旋转鼠标修改底边角度。

07 点击刚刚抻出的透视网格底边，按住Ctrl键继续向下拖曳鼠标，按住Alt键旋转角度。

08 选择"选框工具"，在网格内从最前端拖曳与网格一样大小的边框，释放鼠标后会出现蚂蚁线。

09 按住Ctrl+V组合键粘贴花纹照片。

10 然后拖曳消失点滤镜实例原片到选框上，并调整好图案位置，单击"确定"按钮结束。

11 选择"钢笔工具"勾出新填充花纹底边的外形，按Enter键结束操作，提取蚂蚁线，然后点击菜单栏"选择"→"反选"。

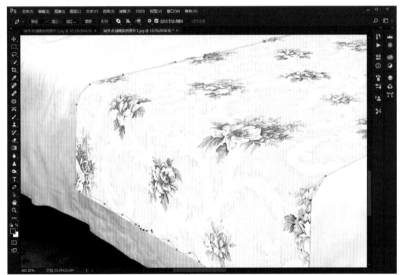

12 选择"图章工具"，按住Alt键取样，修饰选区外区域。

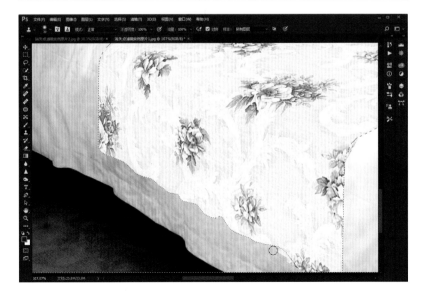

下面我们再来练习一下消失点滤镜的使用。

▲ 消失点滤镜实例原片3

▲ 使用消失点滤镜后的效果

01 点击菜单栏"滤镜"→"消失点",选择"创建平面工具",根据透视关系画出透视网格。

02 选择"选框工具",在网格上拖曳鼠标,在属性栏点击"修复"窗口选择"明亮度"。

03 按住键盘上的Alt键不放,点击鼠标左键向上移动鼠标,移动目标必须超出绘制网格。

04 选择"变换工具"调整移动图像的大小,这样我们就复制了一个具有透视感的图像。

2. 液化滤镜

滤镜主要是用来实现图像的各种特殊效果的，它在Photoshop中具有非常神奇的作用。有些Photoshop版本把滤镜按分类放置在菜单中，使用时只需要从该菜单中执行这命令即可。滤镜的操作是非常简单的，但是真正用起来却很难恰到好处。滤镜通常需要同通道、图层等联合使用，才能取得最佳的艺术效果。如果想在最适当的时候应用滤镜到最适当的位置，除了平常的美术功底之外，还需要用户对滤镜的熟悉程度和操控能力，甚至需要具有很丰富的想象力。这样才能有的放矢地应用滤镜，发挥出艺术才华。

Photoshop外挂滤镜我们也称之为Photoshop插件，一般情况下只要把它安插在Photoshop安装盘的Plug-ins文件夹下即可使用。外挂滤镜作用主要是为了最大化的增强Photoshop的某些功能，或者实现图像的各种特殊效果。活用滤镜可以帮助大家更轻松地运用Photoshop进行照片特殊效果的制作。

液化滤镜，顾名思义，是用来制作一些类似液态效果的滤镜。不过这款滤镜更广泛的用途是美化图像的轮廓。尤其在人物处理的时候，我们可以用其来修整人物的脸型、身材、五官等，做出完美的人像效果。Photoshop CC 2015.5还添加了全新高效的液化滤镜，可以智能进行人脸识别，而且可以识别多人脸，识别五官，像调整照片大小一样简单去调整它们。

Ⓐ向前变形工具：可以在图像上拖曳像素产生变形效果

Ⓑ重建工具：可平滑地移动像素，产生各种特殊效果

Ⓒ平滑工具：当你按住鼠标按钮或来回拖曳时，顺时针旋转像素

Ⓓ逆时针旋转扭曲工具：当你按住鼠标按钮或来回拖曳时，逆时针旋转像素

Ⓔ褶皱工具：当你按住鼠标按钮或来回拖曳时，像素靠近画笔区域的中心

Ⓕ膨胀工具：当你按住鼠标按钮或来回拖曳时，像素远离画笔区域的中心

Ⓖ左推工具：移动与鼠标拖动方向垂直的像素

Ⓗ冻结蒙版工具：可以冻结区域

Ⓘ解冻蒙版工具：使用此工具可以使冻结的区域解冻

Ⓙ脸部工具：修整人物的脸型、身材、五官等

Ⓚ抓手工具：当图像无法完整显示时，可以使用此工具对其进行移动操作

Ⓛ放大工具：可以放大或缩小图像

选择"向前变形工具",调整好画笔大小,点击画面左侧骆驼驼峰,向上拖动鼠标。如果感觉不理想,点击下面的"重建工具"或"平滑工具"涂抹变形区域。

选择"逆时针旋转扭曲工具",在黑猩猩的头上按住鼠标按钮或来回拖曳时,逆时针旋转像素。

选择"膨胀工具"调整好画笔大小,在豹子的头部点击鼠标。"膨胀工具"很灵活,可以在画面上点击或涂抹鼠标使图像产生膨胀效果。

选择"褶皱工具"
涂抹企鹅的头部、身
体，画笔涂抹过的区域
就会收缩。

如果认为某个区域
的褶皱效果不理想，可
以选择"平滑工具"进
行局部修改。

选择"冻结蒙版工
具"先涂抹遮住某个区
域，如果遮罩不精确，
可以配合"解冻蒙版工
具"擦除遮罩。冻结蒙版
的作用就是在选择其他工
具操作时，遮罩过的区域
将不会发生变化。

▲ 人脸识别素材

▲ 人脸识别后的效果

3. 人脸识别

　　液化可以智能进行人脸识别，而且可以识别多张脸合影，识别五官。但这些功能是有条件的，首先你必须保证你所安装的Photoshop是安装版而不是绿色版，Photoshop必须是Photoshop CC 2015.5以上版本；其次就是人像的角度必须是正脸或半侧的。全侧则无法识别和完成人脸的液化操作。

01 打开素材文件，文件只有在RGB模式下才能提供显卡加速。单击菜单栏"滤镜"→"液化"，点击"识别人脸工具"后，画面人脸就会出现左右两条半弧线，证明人"脸识别工具"可以使用，否则没有出现两条半弧线说明你的软件不支持这项功能，需要重新安装新的软件，调整右眼高度为100，眼睛左眼和右眼斜度各为50。

02 点击鼻子的隐藏箭头，调整鼻子高度为100、鼻子宽度为100。

03 点击"嘴唇"的隐藏箭头，调整微笑为100、上嘴唇为40、下嘴唇为100、嘴唇宽度为30、嘴唇高度为70。

04 点击"脸部形状"的隐藏箭头，调整前额为-100、下巴高度为-100、下颌为80、脸部宽度为-63。

05 把鼠标放在脸或五官的轮廓线上就会出现左右箭头、旋转箭头，拖动鼠标和旋转鼠标都会改变角度和大小。

4. USM锐化

　　USM锐化是一个常用的技术，简称USM，是用来锐化图像中的边缘的。可以快速调整图像边缘细节的对比度，并在边缘的两侧生成一条亮线和一条暗线，使画面整体更加清晰。使用USM锐化最好的方法就是先将图像转换成Lab模式，利用明度通道锐化，然后再将图像转换成RGB模式。

5. 智能锐化

　　智能锐化能够很好地将数字图像中的阴影和高光细节呈现出来。在"智能锐化"对话框中，可以分别为阴影和高光区域进行半径设置；还可以为它们指定"渐隐量"，该设置降低对阴影和高光区域的锐化强度。如果锐化导致高光细节消失，可使用"渐隐量"滑块来降低锐化效果。

6. 防抖

　　防抖滤镜能够将因抖动而导致模糊的照片修改成正常的清晰效果。这对没有三脚架且拍照技术一般的用户来说是一项很实用的功能，对照片进行智能分析，判断并选择需要进行锐化的区域，能够丰富纹理，让边缘更清晰，做到只对细节锐化，忽略噪点。再也不用担心锐化的同时会让噪点也更加明显。

7. 径向模糊

　　径向模糊滤镜有两种效果：旋转和缩放。缩放如同爆炸效果，可用于模拟冲刺前进的运动状态；而旋转就如同漩涡效果，可以用于模拟飞速旋转的车轮模糊。右边的中心模糊区域可以选择放射的原点在哪里，点击鼠标可以移动中心模糊点位置，根据实际图像将中心点移动到某一处。

8. 旋转模糊

　　旋转模糊通常都是用来创建圆形或椭圆形的模糊特效。打开"滤镜"→"模糊画廊"→"旋转模糊"。创建一个椭圆，点击并拖动椭圆的边框来改变它的大小，点击椭圆的内部可以通过拖动来移动它。中心的模糊圈可以用来调整模糊的量或者模糊的角度，通过移动模糊工具面板上的参数滑块实现。

9. 移轴模糊

　　创建移轴效果照片需要两步：第一步是使用对称线创建移轴模糊；第二步为使用"色相/饱和度"命令提升照片的色彩饱和度，从色彩上贴近移轴拍摄效果。通过边缘的两条虚线为移轴模糊过渡的起始点，在移轴控制中心的控制点，拖曳该点可以调整移轴效果在照片上的位置以及移轴形成模糊的强弱程度。

10. 光圈模糊

　　光圈模糊是操作最简单的一种模拟景深的方法。通过设置一个控制点得到不错的景深效果。当然，如果想得到更出色的镜头光圈成型的景深效果，使用光圈模糊时，也可以通过添加多个控制点，分别设置模糊强度、范围、起始位置，得到更为精确的景深控制和更出色的效果。

11. 路径模糊

　　Photoshop CC 2014的新路径模糊滤镜可以添加或为图像增加动态感。路径模糊的主要作用是允许用户可以沿着路径(贝塞尔曲线)创建运动模糊效果。

12. 光照效果

　　光照效果滤镜是一个强大的灯光效果制作滤镜，光照效果包括17种光照样式和三种光照类型：点光、聚光灯和无限光。我们在"光照类型"选项下拉列表中选择一种光源后，就可以在对话框左侧调整它的位置和照射范围，或添加多个光源。

3.16　画笔工具的使用技巧

　　画笔不透明度：我们可以这样理解Photoshop画笔的不透明度。比如说中国画创作，在表现画面最暗部时可以用相当于100%的浓墨来描绘，画面浅色部分则需要把画笔放到清水里稀释来降低墨的浓度，运用墨的浓、淡可以很好地表现画面的明暗对比关系，使画面产生较强的立体感和层次变化。从色彩学角度来说，色彩的明度是指色彩的亮度或明暗程度，颜色有深浅、明暗的变化。当我们把黑色以10%间隔分成十级的明度变化，这种变化将使你对软件的不透明度有一个清晰的认识，在摄影后期照片运用图层蒙版调整时，掌握好画笔的不透明度来表现画面的层次变化。画笔不透明度从1%~100%。

　　画笔流量：流量的图标是一个喷枪形状，因为在设计类软件诞生之前喷枪还是一个广泛使用的平面设计工具。喷枪头有一个开关可以控制颜料的流速，就像我们家里的水龙头一样，水的流量大小是靠开关控制的，而Photoshop画笔流量则是由1%~100%来控制墨水的"流速"。

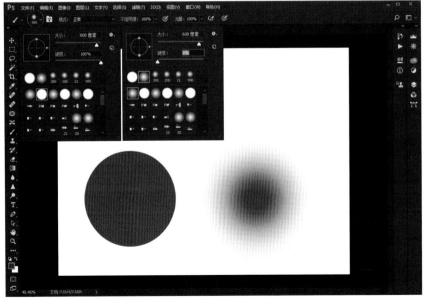

　　画笔在新建文件或新建图层上使用，需要设置前景色，点击下拉箭头设置画笔大小、硬度。硬度在100%时画笔属于硬笔，当硬度设置在0%时画笔边缘有较大羽化，属于柔性画笔。按键盘上的"{"和"}"可调整画笔大小。

画笔资源

画笔资源作为画笔的另一个主要特征，在绘画、照片特效方面有着举足轻重的作用。我们可以上网下载一些画笔资源，如调片所需的云彩、云雾、水墨等笔刷资源安装到Photoshop软件所在盘的"Brushes"文件夹里。当然也可以无需安装笔刷资源，而是把笔刷资源存到你的电脑硬盘里，需要时可以在画笔预设操作面板点击右上角的小齿轮图标，在弹出的对话框上选择"载入画笔"，找到画笔资源所在文件夹。

打开文件，在"图层"面板下方点击新建图层按钮，设置前景色为"白色"，在工具栏选择"画笔工具"，点击画笔预设右上角的小齿轮，在弹出的对话框上选择载入画笔，选择"云雾笔刷"，在新建图层上画出画面需要添加的云雾区域，调整不透明度为50%，再点击菜单栏"滤镜"→"模糊"→"高斯模糊"，在弹出的"高斯模糊"操作面板输入半径为58.2像素。

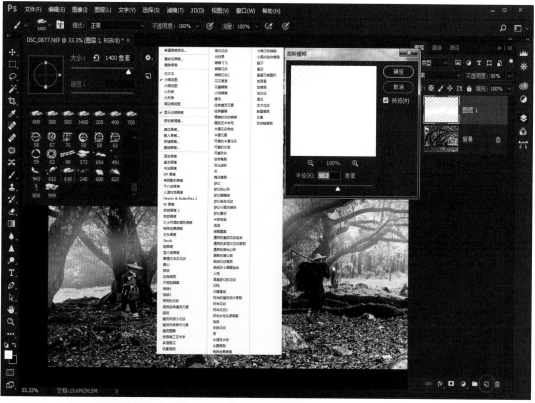

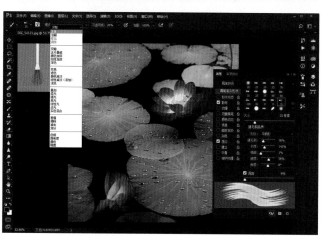

画笔在本图层上使用可以选择"模式"。在菜单栏窗口打开"画笔"，在画笔设置面板可以对画笔进行设置，作为绘画可以使用"模式"来实现某种效果。但是摄影作品则很少使用"模式"进行调整，因为在本图层上操作对照片的损伤是极大的，不建议使用。

画笔工具在蒙版上的使用

01 点击"图层"面板下方的调整按钮，选择"亮度/对比度"，调整亮度为75、对比度为60，选择"画笔工具"，调整画笔不透明度为10%。需要注意的是，当蒙版是白色时前景色必须是黑色，现在我们就可以擦除曝光过度的区域。

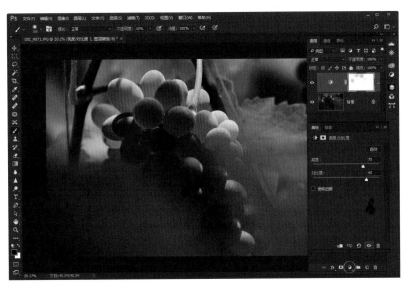

02 画面受光部的亮度还不够，照片还是显得沉闷，选择"曝光度"，调整曝光度为+1.55、灰度系数校正为0.85。

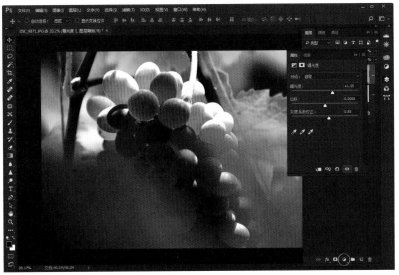

03 填充黑色蒙版（Ctrl+I组合键），切换前景色为白色，选择"画笔工具"，调整画笔不透明度为10%，在蒙版上反复点击鼠标擦除受光区。

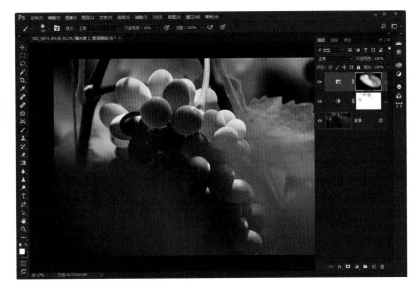

3.17 照片的二次构图裁剪

照片裁剪是对摄影构图的进一步完善。风光照片采用三分法进行构图，天空比较精彩时可以占画面的三分之二。切记不要在构图时把天空和地面均分，那样会很难看。

三分法的4个交汇点都处于画面比较醒目的位置，也是画面黄金比的位置。画面主体一定要安排在黄金点的位置上，这样构图感觉更合理，视觉效果更好。

选择"裁剪工具"进行水平校正，是最明智之举。只要沿着画面的倾斜角度画一条斜线，就可以轻松完成画面的水平校正。

3.18 内容感知移动工具的用法

01 内容感知移动工具是Photoshop新增的一个功能强大、操作容易的智能修复工具，主要有感知移动功能和快速复制功能。选择"感知移动工具"，在拖拉机上套索，然后向右移动鼠标，确定位置后释放鼠标结束。

02 其实感知移动工具总会留下与周围背景环境不和谐的痕迹，需要配合其他工具来完善。

03 选择"裁剪工具"对画面进行裁剪，通过"感知移动工具"的操作，画面的两个主体呈对角线构图。

3.19 透视变形

01 在Photoshop CC中新增加了一个功能，就是我们能改变图像的透视效果，只要先确定好透视面，再调整控制点，图像的透视效果就改变了。下面看看怎样改变图像的透视效果。打开素材文件，点击菜单栏"编辑"→"透视变形"。

02 在需要透视的照片上根据透视角度先拖曳一个透视面，然后根据画面再拖曳出另一个透视面，点击透视面的控制点不放，拖曳鼠标到另一个透视面控制点释放鼠标，两个透视面就会自动吸附在一起，形成一个完整的透视控制空间。

03 透视控制空间设置完成后，需要在属性栏上点击"变形"按钮，然后点击透视控制点拖曳鼠标，调整透视角度变形直到符合透视效果。

第 4 章
搞懂常用图像调整命令

在Photoshop中我们可以把图像调整分为以下几种功能：明度调整、颜色调整、特殊色调调整、细节和色调明度等5项调整。学习摄影后期最好要学会运用好图层的调整命令，并配合蒙版来完成照片的调整，这样就可以避免因使用菜单栏的图像调整命令对照片造成的损伤。本章通过常用调整命令的实战操作，全面揭示图"层面"板的图像调整命令与菜单栏图像调整命令，以及如何配合图层蒙版来调整照片，了解常用的图像调整命令，这也是你学习摄影后期最重要的环节。现在我们就开始吧！

4.1 图像调整菜单与图层调整的区别

Photoshop图像菜单中提供了很多图像调整命令，可以对图像的亮度对比度、色彩进行调整。使用这里面的命令对图像进行调整时，只能对当前层起作用，而且会对照片产生损伤；而图层调整是在蒙版上进行的，对原片不会产生损伤。当你点击"图层"面板上的调整按钮，选择其中一项调整形式，你会发现在你选择的图层上面出现了一个调整图层，这个图层里面的调整结果能对它下面的所有图层进行改变。图层上面还有一个蒙版，其作用是当你选中蒙版以后，再使用黑色的画笔工具就可以擦除某部分的效果，这就是调整图层的作用所在。

"图层"面板的调整菜单没有阴影高光、HDR色调、去色、匹配颜色、替换颜色、色调均化等选项，如果使用菜单栏这些选项，你必须要"盖印图层"或者"合并图层"才可以实现。

菜单栏图像调整		"图层"面板图像调整
明暗调整	亮度/对比度(C)... 色阶(L)...　Ctrl+L 曲线(U)...　Ctrl+M 曝光度(E)...	纯色... 渐变... 图案...
颜色调整	自然饱和度(V)... 色相/饱和度(H)...　Ctrl+U 色彩平衡(B)...　Ctrl+B 黑白(K)...　Alt+Shift+Ctrl+B 照片滤镜(F)... 通道混合器(X)... 颜色查找...	亮度/对比度... 色阶... 曲线... 曝光度... 自然饱和度... 色相/饱和度... 色彩平衡... 黑白... 照片滤镜... 通道混合器... 颜色查找...
特殊色调调整	反相(I)　Ctrl+I 色调分离(P)... 阈值(T)... 渐变映射(G)... 可选颜色(S)...	反相 色调分离... 阈值 渐变映射... 可选颜色...
细节	阴影/高光(W)... HDR 色调...	
色调明度	去色(D)　Shift+Ctrl+U 匹配颜色(M)... 替换颜色(R)... 色调均化(Q)	

4.2 亮度/对比度

▲ 亮度/对比度原片

▲ 调整亮度/对比度后的效果

亮度/对比度共有两个选项，一个是亮度调节，另一个就是对比度调节。增加亮度就是增加照片亮度，相反减少就是加深照片。增加对比度就是增加照片高光亮度，同时加深暗部，这样明暗对比就更强烈；减少对比度就会把高光部分加深，暗部增亮，减少照片的明暗对比。

打开素材，点击"图层"面板下方的调整按钮，选择"亮度/对比度"，亮度为90、对比度为50。在"亮度/对比度"图层蒙版上填充黑色，切换前景色为白色，选择"画笔工具"，降低画笔不透明度为20%，在鸵鸟的双眼上反复点击鼠标，你会发现鸵鸟的眼睛变亮了。

4.3 色阶

色阶是用来调整照片明暗程度的工具。色阶调节面板设置并不复杂，最上面有通道可以选择，在不同的颜色模式下通道是不同的。

RGB下有红、绿、蓝通道可以选择，通道下面就是输入色阶，有三个滑块分别是黑色、灰色和白色滑块，黑色代表暗部，灰色代表中间调，白色代表高光。拖动这些滑块就可以调整照片的明暗程度，我们可以根据实际情况选择相应的滑块快速修复照片的明暗。输出色阶由黑色至白色渐变构成，拖动两边的按钮可以快速调整明暗。

打开素材，点击"图层"面板下方的调整按钮选择"色阶"：①当拖曳亮部滑块和暗部滑块到160、32的位置时画面明暗对比强烈，可是高光局部出现曝光过度；②选择"画笔工具"，设置画笔不透明度为30%，在色阶蒙版上擦除亮部。

调整图层色阶操作面板

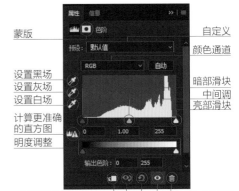

蒙版　自定义
预设：默认值　颜色通道
设置黑场　RGB　自动
设置灰场　暗部滑块
设置白场　中间调
计算更准确　亮部滑块
的直方图　0　1.00　255
明度调整

输出色阶：0　255

此调整影响下面所有　删除此调整
的图层　图层
按此按钮可以查看上一　切换图层可见性
状态
复位调整到默认值

4.4 曲线

曲线是调色中运用非常广泛的工具。不仅可以调节照片的明暗，还可以用来调色、校正颜色、增加对比。这些都得益于曲线的灵活性。

曲线可以由上至下分别控制照片的高光、中间调和暗部，用鼠标在相应的位置向上或向下就可以改变某个区域颜色的明暗。同时这条曲线可以创建多个节点进行调节。

打开素材，点击"图层"面板下方的调整按钮选择"曲线"、①在曲线对角线上的高光区域点击鼠标，向上拖曳鼠标，再点击暗部控制区向下拖曳鼠标；②选择"目标调整工具"相对就比较灵活了，如果你想提亮高光或暗部，那么只要把鼠标放到画面的亮暗部向上或向下拖曳鼠标就可以了。

调整图层曲线操作面板

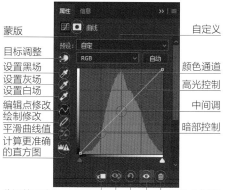

- 蒙版
- 目标调整
- 设置黑场
- 设置灰场
- 设置白场
- 编辑点修改
- 绘制修改
- 平滑曲线值
- 计算更准确的直方图

- 自定义
- 颜色通道
- 高光控制
- 中间调
- 暗部控制

- 此调整影响下面所有的图层
- 按此按钮可以查看上一状态
- 复位调整到默认值
- 删除此调整图层
- 切换图层可见性

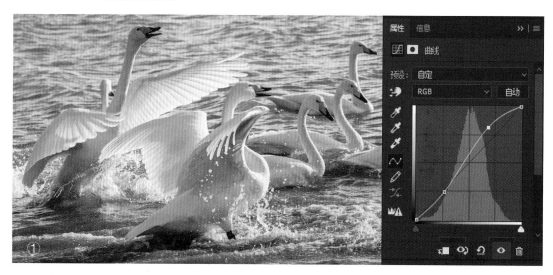

4.5 曲线设置灰场

01 打开原片，点击"图层"面板下方的调整按钮选择"曲线"。在曲线调整面板上选择"在图像中取样以设置灰场"工具，我们将要用此工具来改变照片的色彩基调。

▲ 原片

02 选择"在图像中取样以设置灰场"，重点在于我们想要得到哪种效果。在这幅照片中假如点击的是画面中的黑色马尾，照片的暖色调增量就不是很明显，点击画面左侧马头的白色区域时画面呈现的是暖色调，使用"在图像中取样以设置灰场"最好配合混合模式和不透明度使用，效果更加明显。

▲ 设置灰场后效果

4.6 曲线绘制修改

01 这张照片调整的感觉灯光亮度还不够，有没有更好的办法来迅速提高灯光的亮度呢？打开曲线调整面板，在曲线调整面板上选择一个像铅笔图标的"通过绘制来修改曲线"工具，在高光区勾画一个圆。

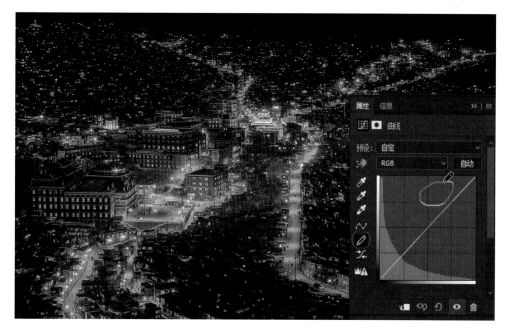

▲ 原片

02 当你在高光区勾画以后，会发现高光亮了起来，但是有些高光区域提的有些过了，甚至有些区域白场细节丢失的倾向，不过这不要紧，我们可以点击"平衡曲线值"工具来改变亮度，点击一次后就能看到绘制的曲线，也可以通过多次点击"平衡曲线值"工具修改曲线调整亮度。

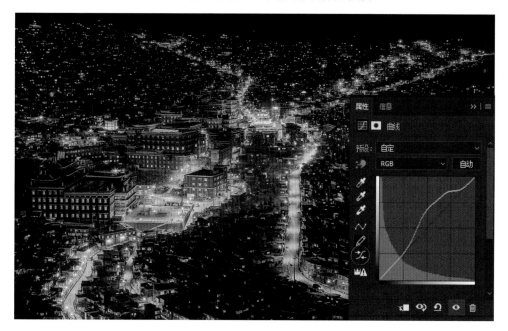

▲ 调整后的效果

4.7 曲线通道的运用

01 曲线调整面板还可以通过通道调整色彩，比如说这幅照片的青色过于鲜艳，而红色略显不足，点击 RGB通道窗口选择"红色"通道，在对角线的二分之一处点击鼠标向左上角拖曳鼠标即可。

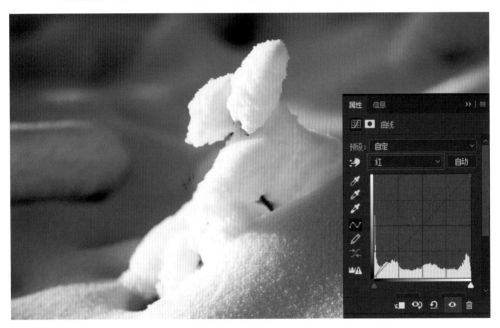

▲ 红色通道

02 再点击RGB通道窗口选择"蓝色"通道，在对角线的二分之一处点击鼠标向右下角拖曳鼠标，通过对红色和蓝色通道进行调整，画面色彩发生了明显的变化。曲线调整面板和色阶调整面板一样都可以利用RGB通道来降低或提高RGB某一色彩的鲜艳度和饱和度。

▲ 蓝色通道

4.8 如何使用曲线剪切到此图层命令

01 打开PSD文件素材，选择"曲线"，在曲线调整面板的对角线上分别调整亮暗部，调整后对比很强烈，可是暗部细节没了，现在就点击"此调整影响下面所有的图层"按钮看看如何运用。

▲ 曲线调整

02 点击"此调整影响下面所有的图层"按钮后，在"曲线"图层前面你会发现多了一个图层缩览图。再看看经过点击"此调整影响下面所有的图层"按钮后，画面的暗部细节明显、对比强烈。除曲线以外，其他调整比如色彩平衡等也有此功能，其可以兼顾所有图层的色彩和明暗均衡。

▲ 剪切到此图层后

调整图层曝光度操作面板

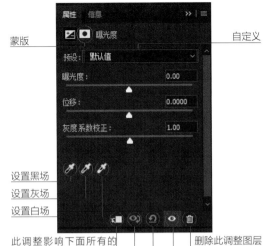

蒙版 ←

自定义 →

设置黑场 ←
设置灰场 ←
设置白场 ←

此调整影响下面所有的
图层

删除此调整图层
切换图层可见性

按此按钮可以查看上一状态

复位调整到默认值

4.9 曝光度

曝光度是用来控制照片色调强弱的工具。跟摄影中的曝光度有点类似，曝光时间越长，照片就会越亮。曝光度调整面板有三个选项可以调节：曝光度、位移和灰度系数校正。曝光度用来调节照片的光感强弱，数值越大照片会越亮；位移用来调节照片中灰度数值，也就是中间调的明暗；灰度系数校正是用来减淡或加深照片灰色部分，可以消除照片的灰暗区域，增强画面的清晰度。

▲ 原片

打开素材原片，在"图层"面板下方点击调整按钮，选择"曝光度"。设置曝光度为+0.78、位移为+0.0340、灰度系数校正为0.69。

▲ 曝光度调整后的效果

4.10 自然饱和度和色相饱和度的区别

01 自然饱和度：自然饱和度只增加未达到饱和颜色的饱和度，而饱和度命令则增加整个图像的饱和度，可能会导致图像颜色过于饱和，而自然饱和度不会出现这种问题。自然饱和度：向左拖动可以降低颜色的自然饱和度，向右拖动可以增加颜色的自然饱和度。当我们大幅增加颜色的自然饱和度时，Photoshop不会生成过于饱和的颜色，并且即使是将饱和度调整到最高值，皮肤颜色依旧红润，保持自然、真实的效果。

02 饱和度：向左拖动可以降低颜色的饱和度，向右拖动可以增加饱和度。自然饱和度是图像整体的明亮程度，饱和度是图像颜色的鲜艳程度。以同样的数值来调整一张人像照片，即将"自然饱和度"调整到为+100，"饱和度"的数值都调整为+50，结果可以看到，前者肤色饱和度正常，照片真实自然，而后者则可以看到照片中人物的面部饱和度过度。

03 "色相/饱和度"命令中的"饱和度"选项与自然饱和度的"饱和度"效果相同，可以增加整个画面的"饱和度"，但如果调节到较高数值，图像的色彩会过于饱和从而引起图像失真。勾选"着色"后可以为彩色照片进行消色处理，调整色相可以为画面指定单一色调。

4.11 色彩平衡

色彩平衡命令可以调节图像的色调，"色彩平衡"其实就是色彩的互补色关系。RGB颜色模式是一种光色模式，其三原色为红、绿、蓝。补色是指一种原色与另外两种原色混合而成的颜色形成互为补色的关系。

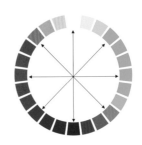

在标准色轮上，180°相对应的颜色即为色彩的互补色。绿色和洋红色互为补色，黄色和蓝色互为补色，红色和青色互为补色。

当我看到这张后期调整的照片，感觉曝光、画质、对比度都不错，画面的暖光布置也非常好。可是作者忽略了一个画面色彩"和谐"的问题，画面人物脸部呈现青色调子与暖光很不和谐，后期调整一定要注意色彩的和谐统一，这样才能使画面更具美感。

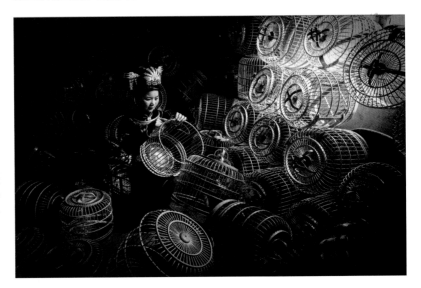

后期处理除了学习软件还应该学习一下色彩学方面的知识。像本图中的问题我们可以通过"色彩平衡"实现画面的和谐统一。在"图层"面板下方选择调整按钮，选择"色彩平衡"，青色/红色为+10、洋红/绿色为-40、黄色/蓝色为-100，再选择"渐变工具"，在图层蒙版上遮盖画面右侧。

4.12 黑白

　　"黑白"是专门用于制作黑白照片和黑白图像的工具，简单来说，就是能控制每一种颜色的色调深浅。当然，我们可以把照片用"去色"工具直接变成黑白效果，但这种黑白效果不够专业。黑白功能相对来说就强大很多，经过黑白调整后，照片会变成黑白效果，不过在设置面板仍然能对照片原有颜色进行识别，我们可以调节不同颜色的数值来加深或减淡某种颜色区域的明暗，不会影响其他颜色部分，这样调出的黑白照片层次感更强。调整面板的上面有个着色选项，有点类似色相/饱和度中的着色选项，勾选后就会变成相应的单色照片。黑白照片不像彩色照片那样好表现，因为彩色照片有丰富的色彩，而黑白照片主要靠黑、白、灰三大调来表现。

▲ 原片　　　　　　　　　　　　　　　　　▲ 黑白转换后的效果

　　在"图层"面板下方点击调整按钮，选择"黑白"。这里需要提醒的是，使用"黑白"消色处理时，一定不要把照片当成黑白照片进行调整，而应该根据黑白调整操作面板提供的红色、黄色、绿色、青色、蓝色、洋红来确定这几种颜色在照片上的分布情况调整，运用色彩的变化调整好照片的明暗对比，赋予照片立体感。

　　调整红色为50、黄色为50、绿色为256、青色为150、蓝色为65、洋红为140。

4.13 照片滤镜

01 照片滤镜是一款调整照片色温的工具，其工作原理就是模拟在相机的镜头前增加彩色滤镜，镜头会自动过滤掉某些暖色或冷色光，从而起到控制照片色温的效果。

　　这是一幅雪天场景的照片，天空正飘着雪花，我们都知道雪天照片的色彩倾向于冷色调，可是本图倾向于暖色调。如果是RAW格式的照片，我们在Camera Raw改变一下色温就可以了，可是这幅作品毕竟是JPEG格式的照片，我们该如何完成色温的调整呢？照片滤镜就是一个不错的选择。接下来我们尝试一下吧！

◀ 原片

02 在"图层"面板下方点击调整按钮，选择"照片滤镜"，在照片滤镜调整面板上点击"滤镜"窗口下拉箭头，选择"冷却滤镜（80）"，浓度为30%。照片滤镜调整面板也较为简单：最上面是"滤镜"，里面自带有各种颜色滤镜；中间的是颜色，我们可以自行设置想要的颜色；下面的滑块是浓度，可以控制所加颜色的浓淡，而保留明度选项就是是否保持高光部分，勾选后有利于保持照片的层次感。

▲ 使用照片滤镜后的效果

4.14 通道混合器

通道混合器是一款较为特殊的调色工具，它是根据通道的混合来调色的。混合原理为：RGB模式下共有R（红色）、G（绿色）和B（蓝色）三种颜色，"红色+绿色=黄色""红色+蓝色=紫色""蓝色+绿色=青色"。同样在通道中有红、绿、蓝三种通道，三者通过混合就构成照片的颜色。

▲ JPEG原片直出

▲ 通道混合器调整后的效果

01 在RGB模式下有红、绿、蓝三个通道。

02 点击"图层"面板下方的调整按钮，选择"通道混合器"。

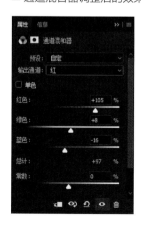

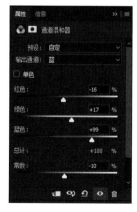

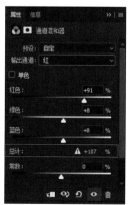

03 输出通道为红，红色为+105%、绿色为+8%、蓝色为-16%，总计为+97%。

04 输出通道为绿，红色为+4%、绿色为+89%、蓝色为+4%，总计为+97%。

05 输出通道为蓝，红色为-16%、绿色为+17%、蓝色为+99%，总计为+100%。

06 通道混合器调整红、绿、蓝时总计数不要超过+100%，否则会出现超色域警示。

4.15 颜色查找在色彩调整中的作用

　　颜色查找是Photoshop CS6的新增功能，使用颜色查找功能配合模板使用，可以实验出照片的多种颜色效果，这样就能从中选取适合的来使用。说到模版，自然就是要下载LUT文件。下载完以后，直接将文件夹拷贝至"Photoshop"→"Presets"→"3DLUTs"文件夹里，自然就会出现在面板列表里，这样就有很多非常有用的LUT文件，模版多，可以制作的效果自然就多了。这个功能是专为电影电视行业做调色的，所以目前还没有办法在Photoshop中创建LUT文件。如果你想自己创建LUT文件，建议使用Adobe Speed Grade。

　　LUT是Look Up Table的缩写，可以用于在数字中间片的调色过程中对显示器的色彩进行校正，而模拟最终胶片印刷的效果以达到调色的目的，也可以在调色过程中把它直接当成一个滤镜使用。三维LUT（3D LUT）的每一个坐标方向都有RGB通道，这使得你可以映射并处理所有的色彩信息，无论色彩是否存在，甚至是那些连胶片都达不到的色域。因此，我们一刻也离不开LUT。更重要的是，LUT已经成为许多行业对色彩进行管理的标准和基本方式。

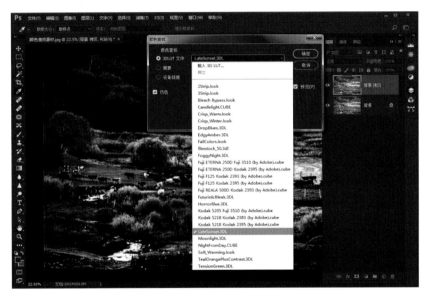

01 在使用3D LUT之前，最好先调整一下照片的亮度/对比度。现在就打开调整好的素材，复制一个图层，点击菜单栏"图像"→"调整"→"颜色查找"，点击3D LUT窗口，选择"LateSunset.3DL"。

02 根据调整目的，现在我们把经过"3D LUT"的图层与背景图层混合，这里选择"柔光"，再调整不透明度为50%。

4.16　反相

反相可以生成原图的负片，看上去很像胶片相机的底片。当使用此命令后，白色变成黑色，其他像素点则用255减去原像素值得到其对应值。反相用于抠图也是不错的选择，首先进入"通道"面板，复制蓝色通道后选择"反相"复选框，打开色阶并调整滑块，按Ctrl键点击蓝色拷贝图层窗口，提取蚂蚁线后选择"反选"复选框按删除键结束。

4.17　色调分离

色调分离就是按照色阶的数量把颜色近似分配。使用"色调分离"命令，可以指定图像中每个通道的色调级（或亮度值）的数目，然后将像素映射为最接近的匹配级别。例如，在RGB图像中选取两个色调色阶将产生6种颜色：两种代表红色，两种代表绿色，另外两种代表蓝色。在照片中创建特殊效果，如创建大的单调区域时，此命令非常有用。当你减少灰色图像中的灰阶数量时，它的效果最为明显。下面这三幅照片通过色调分离的2、4、6色阶数值而产生不同效果，数值越小变化越大，反之亦然。

①

4.18 阈值

　　阈值又叫临界值，是指一个功能能够产生的最低值或最高值。决定多大反差的相邻像素边界可以被锐化处理，而低于此反差值就不进行锐化。阈值的设置是避免因锐化处理而导致的斑点和麻点等问题的关键参数，正确设置后就可以使图像既保持平滑的自然色调（例如背景中纯蓝色的天空）的完美，又可以对变化细节的反差进行强调。

❶素材原片。

❷在"图层"面板上复制图层。

❸进入"通道"面板，复制蓝通道，单击菜单栏"滤镜"→"其它"→"高反差保留"，调整半径为10.0像素。

❹单击菜单栏"图像"→"调整"→"阈值"，输入阈值色阶为126。

❺按住Ctrl键，点击蓝色拷贝窗口提取蚂蚁线，再按Shfit+Ctrl+I组合键执行反选，点击RGB通道，回到"图层"面板，按住Ctrl+H组合键隐藏蚂蚁线，再单击菜单栏"图像"→"调整"→"曲线"，点击的中间值向上拖动鼠标，再按Ctrl+D组合键取消蚂蚁线。

②

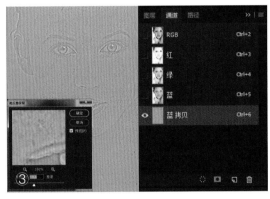
③

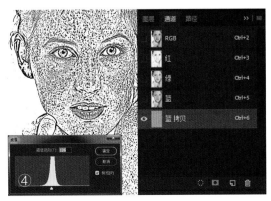
④

⑤

4.19　渐变映射

　　Photoshop的渐变映射命令可以将相等的图像灰度范围映射到指定的渐变填充色，比如指定双色渐变填充，在图像中的阴影映射到渐变填充的一个端点颜色，高光映射到另一个端点颜色，而中间调映射到两个端点颜色之间的渐变。

▲ 原片

▲ 渐变映射后的效果

01 使用渐变映射可以预设前景色和背景色，点击前景色窗口设置前景色，R为119、G为3、B为238；再点击背景色窗口设置背景色，R为50、G为28、B为165。通过预设前景色和背景色后，当你打开渐变映射后就可以直接选择前景色到背景色的渐变，当然你也可以进入渐变映射设置颜色。

02 点击"图层"面板下方的调整按钮，选择"渐变映射"。图层调整可以随时调整不透明度和混合模式来改变对比度色彩饱和度。

03 在渐变映射调整面板，可以直接点击渐变窗口或者点击右侧的下拉箭头打开渐变编辑器。如果渐变方向不对，可以勾选"反向"复选框。

04 "渐变映射"和工具栏的"渐变工具"在预设上都是相同的，只不过"渐变工具"在使用上需要拖动鼠标来完成渐变效果，还提供了包括线性、径向、角度、对称、菱形渐变几种形式。在"渐变编辑器"上可以拖动色块，也可以增加色块实现渐变效果，点击小齿轮可以载入渐变模块。

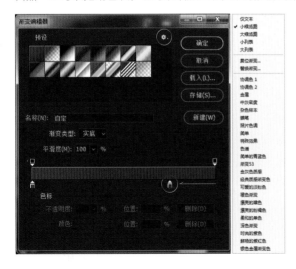

05 "渐变映射"命令操作完成后，点击混合模式窗口选择混合模式"柔光"，还需要更改不透明度为30%来削弱色彩的鲜艳度。

4.20 可选颜色

可选颜色最初是印刷中用来还原扫描分色的一种技术，用于在图像中的每个主要原色成分中更改印刷色的数量。因为可选颜色能有选择地修改任何主要颜色中的印刷色数量而不会影响其他主要颜色，所以现在也成为后期数码调整中的利器。我们可以用可选颜色调整想要修改的颜色并保留不想更改的颜色，可选颜色分色有：红色、黄色、绿色、青色、蓝色、洋红，还有白色、中性色和黑色。

使用可选颜色必须学会对照片场景中色彩分布及色彩含量进行判断，比如下面这幅晒秋的照片分别把红色、黄色、绿色、青色、蓝色、白色的画面色彩分布情况作了连线，通过色彩的分布情况使用好"可选颜色"。如果一种颜色鲜艳度过高，便可以通过增加其他颜色饱和度来降低色彩的纯度。

4.21 阴影/高光

阴影/高光命令不是简单地使图像变亮或变暗，而是根据图像中阴影或高光的像素色调增亮或变暗。该命令允许分别控制图像的阴影或高光，非常适合校正强逆光而形成剪影的照片，也适合校正由于太接近相机闪光灯而有些发白的焦点。打开阴影/高光调整面板，如果只显示"阴影/高光"，需要勾选"显示更多选项"复选框来显示更多操作命令。在使用阴影/高光之前最好先复制一个图层，这样我们可以利用添加图层蒙版来修改对某一区域的调整。

下面这张照片已经标注出阴影、高光、调整的分布情况，通过这张照片我们先来了解一下阴影高光的用法。单击菜单栏"图像"→"调整"→"阴影/高光"。阴影数量为60%、色调为28%、半径为315像素；高光数量为75%、色调为50%、半径为45像素；调整颜色为+60、中间调为+50。

"阴影/高光"调整后，有些区域并不是你想要得到的结果，可以通过添加图层蒙版，选择"画笔工具"，利用调整画笔的不透明度来擦除这些区域。

4.22　HDR色调

　　HDR色调类似HDR高清高对比度照片调色工具。正常的HDR需要三张以上曝光不同的照片，然后再通过后期软件合成完成，而HDR色调只不过通过一张照片来模仿HDR的效果，不能称为真实的HDR效果。

　　HDR的全称是High Dynamic Range，即高动态范围。动态范围是指信号最高和最低值的相对比值。目前的16位整型格式使用从0（黑）到1（白）的颜色值，但是不允许所谓的"过范围"值，比如说金属表面比白色还要白的高光处的颜色值。在HDR的帮助下，我们可以使用超出普通范围的颜色值，因而能渲染出更加真实的3D场景。

　　简单来说，HDR效果主要有三个特点；❶亮的地方可以非常亮；❷暗的地方可以非常暗；❸亮暗部的细节都很明显。

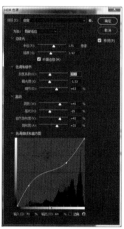

▲ 原片

　　HDR色调共分为边缘光、色调和细节、高级、色调曲线和直方图等4项调整，使用时应根据照片实际效果调整各项参数。HDR色调调整功能的使用也非常简单，最重要的是掌握好照片的起伏变化。

▲ 调整HDR色调后的效果

4.23 匹配颜色的作用

　　匹配的颜色是两个图像之间、两个图层之间或者两个选区之间的颜色。这个命令是通过将原图像的颜色与目标图像的颜色相匹配使原图像的色彩效仿目标图像的色彩，所以必须在Photoshop中同时打开多幅图像才能够进行色彩匹配，打开的图像越多，我们选择匹配色彩的机会就越多。除了匹配两个图像之间的颜色以外，颜色匹配命令还可以匹配同一个图像中不同图层之间的颜色，它还允许你通过更改照片的亮度、颜色的饱和度以及中和色彩来调整图像中的颜色。但是需要注意的是，这个工具仅适用于RGB色彩模式。

　　单幅照片也可以通过匹配颜色提升明亮度和色彩纯度，勾选"中和"复选框，通过调整"渐隐"数量大小可以改变照片色温，也可以取消勾选"中和"复选框，通过调整"明亮度"消除画面的灰度。

▲ 匹配颜色前

▲ 匹配颜色后

▲ 匹配颜色素材2

4.24 多幅照片匹配颜色

若想尝试多幅照片匹配颜色，首先需要调整好需要匹配颜色的样片，包括色彩、亮度对比度的调整。

以这两幅照片为例，左上图是我对照片调整了亮度对比度后，又对色彩做了降低饱和度的处理，而左下图则是一幅JPEG格式原片。当然我只对亮度对比度做了调整，在使用匹配颜色之前你必须对将要匹配的照片进行亮度对比度的调整，因为匹配的色彩感觉还不错，但是亮度对比度却不尽如人意，而且照片的锐度也会减弱。

在Photoshop中同时打开匹配颜色素材2和素材3，选择"匹配颜色素材3"，点击菜单栏"图像"→"调整"→"匹配颜色"，在"匹配颜色"对话框中点击"源"窗口，选择"匹配颜色素材2"，然后再调整明亮度为130、颜色强度为113。

◀ 匹配颜色素材3

4.25 利用渐变色匹配颜色

匹配颜色的另一个主要特征就是为画面指定色彩或渐变色。有的时候我们对调整的照片场景色彩感觉不满意，可以通过新建文件预设色彩或渐变色，通过匹配颜色来调整照片。

匹配颜色前 ▲　　▲ 匹配颜色后

01 在工具栏下方点击前景色窗口，设置前景色 R为251、G为155、B为3。再点击背景色窗口，设置背景色R为46、G为1、B为193。

02 打开"历史记录"面板，点击"历史记录"面板下方的"从当前状态创建新文档"按钮，新建文件。

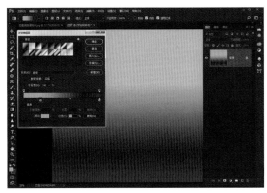 

03 选择"渐变工具"，点击渐变窗口，在"渐变编辑器"对话框的预设窗口，选择从前景色到背景色，拖曳渐变条下方的橙色色块到22%的位置，按住Shift键并拖曳鼠标。

04 点开"匹配颜色素材4"文件，单击菜单栏"图像"→"调整"→"匹配颜色"，点击"源"窗口，选择刚才做的渐变文件，勾选"中和"复选框，调整渐隐为50。

4.26 匹配颜色实例应用

实例1是"匹配颜色"前的原片，实例1和实例2是在一时间段同一方向拍摄的照片。实例1的色调没有调整，更接近当时真实的色彩。通过两张照片对比发现实例2明显偏红，不过这不要紧。在Photoshop软件中同时打开这两张图，然后单击菜单栏"图像"→"调整"→"匹配颜色"，在弹出的"匹配颜色"对话框中上点击"源"窗口，选择"匹配颜色实例1.jpg"完成操作。

匹配颜色实例1 ◀

◀ 匹配颜色实例 2
▼ 匹配颜色后的效果

4.27 替换颜色

使用替换颜色命令,可以将图像中选择的颜色用其他颜色替换,并且可以对选中颜色的色相、饱和度和亮度进行调整。

▲ 替换颜色前   ▲ 替换颜色后

点击菜单栏"图像"→"调整"→"替换颜色",选择"添加到取样工具"后反复点击舞台背景,调整颜色容差为91、色相为+137、饱和度为+60。替换颜色有时表现得并不是很完善,需要配合图层蒙版来完成细节调整。

4.28　去色处理的几种方法效果对比

去色命令将彩色图像转换为相同颜色模式下的灰度图像。例如，它给 RGB 图像中的每个像素指定相等的红色、绿色和蓝色值，使图像表现为灰度。每个像素的明度值不改变。彩色照片转成黑白效果其实不仅是去色那么简单，它需要把画面的黑、白、灰效果表现出来，而去色就没有这种表现力，甚至会把红脸经过去色后变成黑脸。下面就来对比一下几种不同方法的黑白转换效果。

4.29 色调均化

色调均化命令可以在图像过暗或过亮时，通过平均值调整图像的整体亮度。可以重新分布图像中像素的亮度值，图像均匀呈现所有范围的亮度值，使最亮值呈现为白色，最暗值呈现为黑色，而中间值则均匀地分布在整个灰度中。

▲ 色调均化前

▲ 色调均化后

01 使用色调均化时最好先复制一个图层，这样我们就可以对色调均化结果通过混合模式，或者通过降低不透明度来控制效果。在菜单栏单"图像"→"调整"→"色调均化"，然后更改不透明度为40%。

02 点击"图层"面板下方的调整按钮，选择"曝光度"，调整曝光度为2.14、灰度系数校正为0.47，再选择"画笔工具"，设置画笔不透明度为30%，涂抹地面的高光部分。

03 调整结束后，可以提高一下画面的色彩鲜艳度。点击"图层"面板下方的调整按钮，选择"自然饱和度"，调整自然饱和度为+65、饱和度为+45，这样我们就完成了一幅曝光不足照片的调整，通过三个步骤的调整，一幅暗淡的照片瞬间变得通透起来。

第 5 章
调整画面的明暗关系

　　学过美术的人都知道，在学习绘画之前首先要从"素描"训练开始。对于美术来说，素描是一切造型艺术的基础，除了可以提高造型能力外，还可以通过素描的黑、白、灰效果来实现画面的立体感。在摄影后期，我们可以把素描关系理解为画面的明暗对比关系。从事摄影后期的人往往因对素描关系不够重视而调整出来的照片亮暗部分均匀导致画面缺乏立体感。明暗对比关系还会直接影响照片的通透感和色彩的纯度，可以说，明暗对比关系是我们从事摄影后期最重要的环节，要想在摄影后期有些起色，就必须在这方面多下功夫。

5.1 素描关系在后期的运用

　　什么是素描？广义上的素描，泛指一切单色的绘画，起源于西洋造型能力的培养。狭义上的素描，专指用于学习美术技巧、探索造型规律、培养专业习惯的绘画训练过程。其实摄影和画画还是有一定联系的，画画取源于实际光影，摄影却是捕捉光影，从某种意义上说，它们都遵循了共同的规律。学习素描之所以重要，首先在于它反映了结构、比例、形体、明暗、空间关系等。我们可以把素描理解为画面的明暗对比，明暗对比的好坏直接影响到照片的通透感和色彩的鲜艳度。在观察原片时，我们偶尔会发现照片发灰，这是因为相机、镜头的档次、光圈和曝光的准确性等因素会导致照片产生灰度。当我们在摄影后期调整好明暗对比度以后，照片的色彩、立体感都会得到显著的提升，所以说调整好画面的明暗对比度是摄影后期调整的一个最重要的环节。

高光

亮部

反光

中间调

明暗交界线

暗部

投影

5.2　明暗对比的重要性

　　在摄影后期的照片调整时，我会把素描关系应用到其中，充分利用黑、白、灰三者的关系。从下面的实例便可以判断出哪幅照片更具有立体感，更通透、更具观赏性。

　　右面的球体明暗对比强烈，立体感极强。这幅照片是在考虑明暗对比关系后，确定哪是受光面、哪是背光面后进行后期处理的。你不需要刻意调整色彩的鲜艳度和饱和度，因为当你调整好照片的明暗对比度以后，色彩鲜艳度、立体感就会得到有效的提升。

　　右面的球体明暗对比关系较弱，呈现大面积中间调，立体感不强。我们多数人在后期调整照片时往往忽略了明暗对比关系，完全没有考虑光线对场景的影响，均衡调整照片的亮度对比度，导致画面太平淡而失去立体感。

5.3 学会判断光源

　　在调整风光照片时，首先要判断好光的来源和方向，以及太阳的高度、角度对场景的影响，然后确定场景的受光面和背光面，调整好明暗对比。那么如何判断光源呢？从天空来判断其实很简单，哪个区域最亮就是太阳的位置。面向太阳的景物是受光面，背向太阳的就是背光面。

　　确定好光线后我们基本掌握了场景的明暗分布，根据画面构图裁剪照片，然后调整好画面的明暗对比。判断后期调整的好坏首先就是通透度，而通透与否则取决于明暗对比调整是否到位。

5.4 画笔工具在图层蒙版上的应用技巧

在"图层"面板调整照片，"画笔工具"是我们最常用的工具。当我们在"图层"面板调整亮度对比度，或是调整色彩时，可以利用"画笔工具"的特点在图层蒙版上对照片进行局部调整，这是获得画面层次感的最有效的手段。比如这幅照片的拍摄时间为8月4日上午7:04，光圈f/5.7、快门速度1/500s、ISO100、采用手动曝光模式。当我们了解这些拍摄信息后就可以判断出前期拍摄速度存在的问题，如果把速度再放慢一些，那么画面就不会这么灰暗了。下面我们就通过"画笔工具"做个局部调整试验。

▲ 原片
▼ 调整后的效果

01 在Camera Raw中调整要注意亮暗部细节，曝光为+1.25、对比度为+46、高光为-100、阴影为+100、白色为0、黑色为-15、清晰度为+45。

02 为了增强画面的对比效果，首先要调整受光面的亮度对比。复制一个背景层，混合模式"叠加"，再添加图层蒙版，然后选择"画笔工具"，调整画笔的不透明度为30%，擦除画面荷叶区域的背光面。

03 下面我们再调整暗部的对比关系。选择"亮度/对比度"，调整亮度为70、对比度为60，然后选择"画笔工具"擦除受光面。

04 通过两次明暗对比度的调整，灰暗的画面逐渐通透起来，色彩的鲜艳度也得到了进一步增强。但是荷花的通透度略显不足。选择"色阶"，将亮暗部控制滑块拖到210、26的位置，填充黑色蒙版，选择"画笔工具"擦除荷花。

05 局部明暗对比度调整结束后，我们可以整体调整画面的曝光度。点击"图层"面板下方的调整按钮选择曝光度，调整曝光度为+0.45、灰度系数校正为0.87，选择"画笔工具"擦除高光溢出部分。

06 画面整体的明暗对比还不错，只是背景的亮度略显不足。按住Shift+Ctrl+Alt+E组合键盖印图层，混合模式"滤色"，填充黑色蒙版，选择"画笔工具"，擦除背景。

5.5　调整思路

调整思路是在照片调整前对原片的总结，找到问题所在，然后再通过后期技术来解决这些问题。比如这幅原片画面缺少对比关系，画面显得太平淡缺乏立体感和层次感。在照片后期调整工作中我们首先要找到阳光的位置，判断哪个区域是受光面，哪个区域是背光面，再根据光线调整画面的明暗对比度。

原片 ▶
调整后的效果 ▼

01 在Camera Raw中调整要注意亮暗部细节，尽量找回丢失的亮暗部细节。曝光为-1.00、对比度为+80、高光为-100、阴影为+100、白色为+30、黑色为+15、清晰度为+45。

02 进入"图层"面板后，调整画面的明暗对比度。点击"图层"面板下方的调整按钮选择"亮度/对比度"，调整亮度为20、对比度为60。

03 背光区的房瓦有些偏亮，需要降低其亮度，现在就盖印图层，混合模式为正片叠底，添加图层蒙版填充黑色，选择"画笔工具"擦除房瓦。

04 受光面的亮度还略显不足，现在就来调整一下，使其符合场景的光照效果。盖印图层，混合模式为滤色，添加图层蒙版填充黑色，选择"画笔工具"擦除受光面。

05 选择"曝光度"，加大照片的整体明暗对比，曝光度为+0.65、灰度系数校正为0.85。

06 最后整体调整亮暗部细节。盖印图层，在菜单栏单击"图像"→"调整"→"阴影/高光"，阴影数量为37%、色调为10%、半径为100像素；高光数量为15%、色调为15%、半径为110像素，调整中间调为+20。

5.6 为散射光风光照片添加光效

　　这幅散射光条件下拍摄的照片似乎没有光影条件下拍摄的照片那么赏心锐目，没有了光影，照片也就没有了层次感和立体感。不是说散射光条件下就不能拍摄风光，只不过需要特定的场景，例如在湖边拍摄，近、中、远有岛屿，有植被、地皮雾、木船和飞禽，拍出的照片也一定很美。就这幅照片而言，后期处理是有一定难度的，在后期处理时我们可以根据画面的明暗关系来调整，增强画面的对比度来实现光感效果。

原片 ▲
调整后的效果 ▼

01 在Camera Raw 的基本面板中对照片进行初调。曝光为+0.75、对比度为+13、高光为-100、阴影为+38、白色为-100、清晰度为+25。

02 选择"裁剪工具"对画面进行裁剪。这幅照片在裁剪时应该这样考虑：画面前景太大、太乱，影响视觉效果，尽量让火车机车车头接近黄金点的位置。

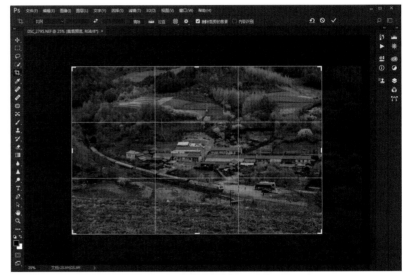

03 在加大明暗对比度调整之前，我们要对比较亮的照片压暗处理。首先复制图层，混合模式选择"正片叠底"，调整不透明度为70%。

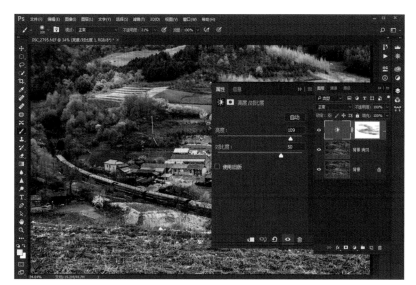

04 现在我们就来调整照片的明暗对比度。选择"亮度/对比度"，亮度为109、对比度为50，选择"画笔工具"在蒙版上擦除高光溢出区域。

05 再选择"曝光度"继续加大画面的明暗对比度。曝光度为+0.78、灰度系数校正为0.88。

06 选择"画笔工具"在蒙版上擦除高光溢出区域。

07 可以通过Camera Raw滤镜来为照片压暗角，突出画面主体。盖印图层，点击菜单栏"滤镜"→"Camera Raw"滤镜，在工具栏点击"径向滤镜"，调整曝光为-2.60、高光为+40、阴影为+100、清晰度为+20、饱和度为+50。

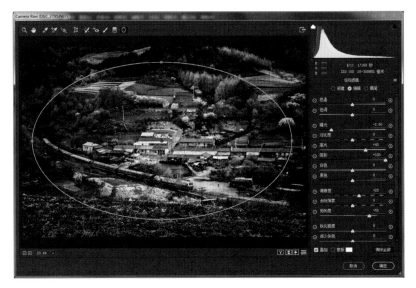

08 添加暗角后，我们发现有些暗部细节丢失，需要通过混合模式来找回丢失的暗部细节。复制图层，混合模式选择"滤色"，添加图层蒙版并填充黑色，选择"画笔工具"擦除丢失的暗部细节。

09 青色为-30%、洋红为+27%：黄色为+100%、黑色为-5%。

10 青色为-20%、洋红为-15%、黄色为+100%。

11 青色为+8%、洋红为+45%、黄色为+100%、黑色为+46%。

12 盖印图层，混合模式选择"正片叠底"，不透明度为35%，通过混合模式来加大画面的对比关系。

13 在工具栏的下方点击前景色，设置前景色R为250、G为237、B为209，选择"椭圆选框工具"，在属性栏更改羽化为200像素，在画面拖曳出椭圆，填充前景色，混合模式选择"柔光"，不透明度为30%。

14 最后再调整一下色彩平衡，选择"色彩平衡"，青色/红色为-10、洋红/绿色为-6、黄色/蓝色为+19。

5.7　逆光照片处理

　　这幅照片的白场区域明显细节不够，需要在后期调整时找回丢失的白场
细节，而RAW格式具有较大的调整空间，可以帮助我们找回轻微丢失的亮
暗部细节。在前期拍摄时要掌握好光圈、速度，否则得到的就是一幅严重曝
光过度或曝光不足的照片，即便Camera Raw也无法找回亮暗部丢失的细节。
后期调整时不要刻意去提高色彩的饱和度，否则就会出现色彩溢出，或色彩
饱和度过高而影响照片的美感。

原片 ▶
调整后的效果 ▼

01 在Camera Raw的"基本"面板中调整曝光为-1.10、对比度为+83、高光为-100、阴影为+100、白色为-100、黑色为+100、清晰度为+35。

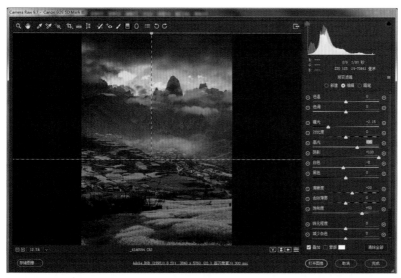

02 这一步需要降低天空的亮度。选择"渐变工具"，在画面上拖曳鼠标到二分之一处释放鼠标，调整曝光为-2.15、高光为+35、阴影为+100、白色为-8、清晰度为+20、饱和度为+50。

03 画面的整体明暗对比不够强烈，在照片后期调整时，我们可以根据画面的光影分布，分区域进行调整。这幅画面可以把地面分成一个区域，天空和山分成一个区域。选择"亮度/对比度"，亮度为80、对比度为100，选择"渐变工具"遮盖天空和远山。

04 地面调整完成后，我们再来调整天空和远山的明暗对比关系。选择"曝光度"，曝光度为+0.71、灰度系数校正为0.71，再选择"渐变工具"遮盖地面区域。

05 现在我们需要利用"阴影/高光"调整照片的亮暗部细节。盖印图层，点击菜单栏"图像"→"调整"→"阴影/高光"，阴影数量为22%、色调为8%、半径为193像素；高光数量为59%、色调为50%、半径为16像素；调整中间调为+10。

06 画面整体还不够通透，选择"曲线"，在曲线调整面板的对角线上，分别在亮部和暗部区域增加控制节点，通过拖曳鼠标来调整画面的明暗对比度。

07 选择"色彩平衡"，青色/红色为-21、洋红/绿色为-21、黄色/蓝色为+5。

08 通过以上调整，画面的明暗对比度明显得到改善，但是整体的明暗对比度还需要再提升。选择"色阶"，拖曳亮暗部控制滑块到210、15的位置，选择"画笔工具"擦除天空的天窗。

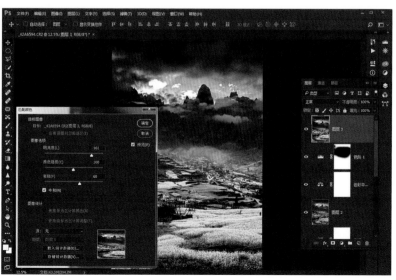

09 最后再整体调整一下明亮度。盖印图层，点击菜单栏"图像"→"调整"→"匹配颜色"，明亮度为161、勾选"中和"复选框，用于改变照片的色温，渐隐为60。

5.8 侧逆光照片处理

侧逆光环境下拍出的照片对比强烈，画面具有较强的立体感。银装素裹、云海、光影等要素，再加上冷暖色的对比为画面增加了美感。原片的曝光很准，白场控制得非常好，没有出现溢色，在后期调整时应加大明暗对比度的调整，以此来有效地提高色彩的鲜艳度。

原片 ▶
调整后的效果 ▼

01 在Camera Raw的"基本"面板中调整曝光为+0.65、对比度为+68、高光为-100、阴影为+10、白色为-100、黑色为-20、清晰度为+35。

02 照片远处的山左低右高，而极远处又没有山的映衬，从视觉上缺乏美感，所以我们可以尝试一下用方形对画面重新构图。选择"裁剪工具"，点击属性栏的比例窗口选择"1:1方形"，在画面上拖曳鼠标。

03 云海有些过亮，白场细节不够，需要运用混合模式来压暗云海。复制图层，混合模式"正片叠底"，再添加图层蒙版，点击菜单栏"选择"→"色彩范围"，在弹出的"色彩范围"对话框中点击"添加到取样工具"，反复点击山脉，颜色范围为100。

04 通过"色彩范围"调整,云海虽然压暗了,但是感觉过渡有些生硬。点击菜单栏"滤镜"→"模糊"→"高斯模糊",半径为115.8像素。

05 下面我们可以对画面的明暗对比度进行调整。选择"亮度/对比度",亮度为20、对比度为50,选择"画笔工具"擦除塔下方山脉的最暗部,避免死黑。

06 现在我们来提高一下受光面的亮度。按住Shift+Ctrl+Alt+E组合键盖印图层,混合模式选择"滤色",添加图层蒙版并填充黑色,选择"画笔工具"擦除受光面。

07 现在需要整体调整画面的明暗对比度。选择"曝光度"，曝光度为+0.39、灰度系数校正为0.85。

08 青色为-15%、洋红为-15%、黄色为+100%、黑色为-15%。

09 洋红为+30%、黄色为+100%、黑色为+10%。

10 青色为+40%、洋红为+100%、黄色为+100%、黑色为+100%。

11 青色为+20%、洋红为+20%、黄色为+10%、黑色为-20%。

12 青色为-25%、洋红为+15%、黄色为+100%、黑色为+15%。

13 青色为+50%、洋红为+70%、黄色为+70%、黑色为-15%。

14 盖印图层，点击菜单栏"图像"→"调整"→"阴影/高光"，阴影数量为35%、色调为6%、半径为30像素；高光数量为0%、色调为50%、半径为30像素；调整中间调为+20。

15 下面需要提高一下照片的明亮度。复制图层，点击菜单栏"图像"→"调整"→"匹配颜色"，明亮度为123。

16 复制图层，点击菜单栏"图像"→"调整"→"色彩平衡"，青色/红色为-13、洋红/绿色为-13、黄色/蓝色为-35，混合模式选择"柔光"，不透明度为35%。

5.9 去除薄雾

　　这是一幅在薄雾气象条件下拍摄的风光照片，从原片看就好像雾气给场景蒙上一层薄纱，为画面增添了神秘感。原片画面对比较弱，层次感不足，色彩单调，光影效果不明显。在后期处理时我们可以运用Camera Raw新增功能"去除薄雾"来提高画面的清晰度。"去除薄雾"功能可以加大或减少薄雾来提高浓见度，这项功能非常神奇和实用。最后除了加大对比度调整，还要考虑光影的方向来确定画面哪是受光面，哪是背光面，来塑造画面的层次感。

◀ 原片
▼ 调整后的效果

01 在Camera Raw进入"效果"面板，在"去除薄雾"选项拖动滑块，调整数量为+70。

02 然后进入"基本"面板，调整曝光为+0.40、对比度为+60、高光为-100、白色为-100、黑色为-25、清晰度为+35。

03 进入"图层"面板后，选择"裁剪工具"对画面进行裁剪。

04 裁剪完成后，先调整画面的"亮度/对比度"，亮度为15、对比度为40。

05 通过"亮度/对比度"的调整，明暗对比关系还不够强烈，需要运用混合模式来加大明暗对比关系。盖印图层，混合模式选择"叠加"，添加图层蒙版，点击菜单栏"选择"→"色彩范围"，在弹出的"色彩范围"对话框中选择"吸管工具"，点击照片最下方（红色标示位置），颜色容差为100，再执行"高斯模糊"，半径为170.5像素。

06 通过调整我们发现照片上部的厚重感不够。盖印图层，混合模式"正片叠底"，不透明度为50%，添加图层蒙版，选择"渐变工具"，遮盖画面的下部，再选择"画笔工具"擦除白场溢出区域。

07 盖印图层，点击菜单栏"图像"→"调整"→"阴影/高光"，阴影数量为35%、色调为10%、半径为30像素；高光数量为10%、色调为50%、半径为100像素，中间调为+10。

08 青色为+75%、洋红为+25%、黄色为+50%。

09 青色为+20%、黄色为+30%、黑色为-20。

10 青色为-70%、洋红为+100%、黄色为+100%、黑色为+50%。

11 画面左上角的绿色纯度过高，需要降低色彩的纯度。盖印图层，点击菜单栏"图像"→"调整"→"替换颜色"，点击左上角选择"吸管工具"，色相为-121、饱和度为-66、明度为-1。

12 新建图层，选择"修复工具"，在属性栏勾选"对所有图层取样"复选框，在画面上点击污点。

13 最后选择"色彩平衡"，青色/红色为-10、洋红/绿色为-22。

5.10 霞光照片处理

　　气象条件对风光摄影尤为重要，随着太阳高度的变化，亮度也会越来越亮，在拍摄时一定要控制好高光细节，以免产生色彩溢出。这幅照片的白场细节不足，黑场细节不够细腻，光影效果不明显，水平倾斜，在后期调整时要尽量找回丢失的亮暗部细节，校正水平，根据太阳的方向、高度和照射范围，确定好画面的明暗对比。

原片 ▲
调整后的效果 ▼

01 在工具栏选择"拉直工具",沿着倾斜面画一条斜线,然后释放鼠标。

02 再选择"裁剪工具"对画面进行裁剪,让天空占画面的三分之一。

03 在Camera Raw的"基本"面板中找回丢失的白场细节,调整高光和白色,黑场过暗,需要调整阴影和黑色来解决亮暗部细节。曝光为-1.10、高光为-100、白色为-100、黑色为+80、清晰度为+50。

04 首先我们要解决天空以下区域的明暗对比，选择"亮度/对比度"，亮度为95、对比度为75，选择"画笔工具"擦除天空区域。

05 在整体调整画面的明暗对比度之前，必须对偏亮的画面做压暗处理。盖印图层，混合模式选择"正片叠底"，不透明度为50%（根据画面的明暗轻重而定）。

06 选择"曝光度"，曝光度为+1.36、灰度系数校正为0.88，选择"画笔工具"，在属性栏更改画笔的不透明度为20%，反复擦除天空区域。

07 盖印图层，点击菜单栏"图像"→"调整"→"阴影/高光"，阴影数量为60%、色调为10%、半径为90像素；高光数量为2%、色调为0%、半径为100像素；调整中间调为+20，添加图层蒙版并填充黑色，选择"画笔工具"，在属性栏更改画笔的不透明度为20%，擦除护坝及前景。

08 接下来我们要对场景的高光区域做出调整。选择"曲线"，在对角线上的高光区域和暗部区域点击鼠标，向左上和右下拖曳鼠标。

09 场景中的高光还是略显不足，特别是水面的亮度影响照片的通透感。选择"色阶"，拖曳亮暗部控制滑块到200、10的位置，选择"画笔工具"，在属性栏更改画笔的不透明度：50%，擦除天空的高光区域。

10 青色为+30%、黄色为+100%。

11 洋红为+10%、黄色为+20%、黑色为-10%。

12 青色为+100%、洋红为+100%、黑色为+100%。

13 青色为+100%、洋红为+100%、黄色为+40%、黑色为+100%。

14 洋红为+30%、黄色为+100%。

15 青色为+10、洋红为+5%、黄色为+10%。

16 按Shift+Ctrl+Alt+E组合键盖印图层，点击菜单栏"图像"→"调整"→"匹配颜色"，明亮度为130。通过"匹配颜色"来提高照片的明亮度。

5.11 雪天白场控制

    雪天拍摄由于光比比较大，应该掌握好曝光和速度，否则很容易把照片拍成曝光过度影响观赏性。这幅照片的曝光控制得相当不错，白场细节没有丢失，从原片看，场景中的元素太多影响主题突出，在后期处理时应该考虑照片的裁剪，二次构图就是为主题服务的，简洁明快，需要仔细推敲和研究才能挽救一幅好的作品。

原片 ▶

调整后的效果 ▼

01 在Camera Raw中选择"裁剪工具"直接对画面裁剪，然后进入"基本"面板调整曝光为-1.15、对比度为+50、高光为-100、阴影为+15、白色为-100、黑色为+100、清晰度为+30。

02 画面灰度值较高，进入"图层"面板后首先需要调整一下人物的亮度对比度，选择"亮度/对比度"，亮度为35、对比度为45。

03 经过"亮度/对比度"的调整，人物明暗对比也强烈了，现在我们就要对画面整体的明暗对比做出调整。选择"曝光度"，曝光度为+0.50、灰度系数校正为0.80。

04 雪天应该倾向于冷色调，由于相机的色温设置画面还是有些偏暖。选择"照片滤镜"，在滤镜窗口选择"冷却滤镜"，浓度为15%。

05 照片的整体对比还略显不够，特别是背景对比不足而影响雪花的表现，现在我们将要用混合模式来完成。盖印图层，混合模式选择"柔光"，不透明度为35%。

06 盖印图层，点击菜单栏"图像"→"调整"→"阴影/高光"，阴影数量为50%、色调为50%、半径为75像素；高光数量为10%、色调为50%、半径为55像素；调整中间调为+25。通过"阴影/高光"来调整亮暗部细节。

07 通过"阴影/高光"的调整，亮暗部细节得到了有效地提升，但是人物的明暗层次还不够，比如人物的高光不够强烈，需要运用"混合模式"做出进一步调整。盖印图层，混合模式"滤色"，然后添加图层蒙版并填充为黑色，选择"画笔工具"擦除人物的高光区域。

08 画面的整体还是显得不够通透，选择"色阶"，拖曳亮部、中间调、暗部滑块到223、0.96、3的位置，提高整体的明暗对比。

09 最后我们通过"黑白"调整和混合模式来降低色彩的鲜艳度。选择"黑白"，红色为125、黄色为85、绿色为60、青色为60、蓝色为130、洋红为80，混合模式"颜色"，不透明度为30%。

5.12 风光照片的区域光调整

　　所谓区域光，就是指阳光、散射光等透过天空的云层和地面上流动的浓雾间隙，或透过建筑物、植物及其他景物，投射到地面和水面上的局部区域光线。区域光能增加照片反差，使画面产生局部明亮或黯淡的效果。有时从云层间隙投射下来的光线还可能出现束光现象，这种区域光合理安排到画面中，可以为平淡的风光照片带来意想不到的效果。在后期调整时不要刻意去增加色彩的饱和度，还是先调整明暗对比度，待画面通透后色彩鲜艳度就会提升。

◀ 原片
▼ 调整后的效果

01 在Camera Raw的"基本"面板中调整曝光为+1.20、对比度为+60、高光为-100、阴影为+70、白色为-100、黑色为-25、清晰度为+50、自然饱和度为+35。

02 感觉照片的噪点很多，锐度不够。放大照片进入"细节"面板，对照片进行锐化和降噪处理。锐化数量为80、半径为1.3、细节为55、蒙版为10；减少杂色，明亮度为35、明亮度细节为50、明亮度对比为45、颜色为25、颜色细节为50、颜色平滑度为50。

03 进入"图层"面板，通过混合模式来加大明暗对比度。复制图层，混合模式选择"叠加"，添加图层蒙版，选择"画笔工具"，设置画笔的不透明度为20%，反复在画面点击鼠标，擦除最黑的区域。

04 现在我们先提升一下地面受光区的亮度。选择"亮度/对比度"，亮度为60、对比度为30，填充黑色蒙版，选择"画笔工具"，设置画笔的不透明度为20%，擦除近景光照区域。

05 照片的整体有些过亮，白场细节略显不足。盖印图层，混合模式选择"正片叠底"，不透明度为50%，添加图层蒙版，选择"画笔工具"，设置画笔的不透明度为20%，擦除画面前景较暗区域。

06 经过几个步骤的调整，画面的明暗对比度还是显得不足，高光也不够透亮。选择"曝光度"，曝光度为+0.65、灰度系数校正为0.80，选择"画笔工具"，设置画笔的不透明度为20%，擦除前景最暗部。

07 下面我们需要运用"阴影/高光"来找回丢失的亮暗部细节。盖印图层，点击菜单栏"图像"→"调整"→"阴影/高光"，阴影数量为20%、色调为10%、半径为190像素；高光数量为15%、色调为50%、半径为115像素；调整中间调为+20。

08 再观察一下画面前景，感觉亮度还是不够。选择"曲线"，在曲线调整面板的对角线上的亮部和暗部控制区域点击鼠标，轻轻地拖动鼠标。选择"渐变工具"，在画面的二分之一处拖动鼠标，遮盖上半部，这样我们就完成了明暗对比的调整。

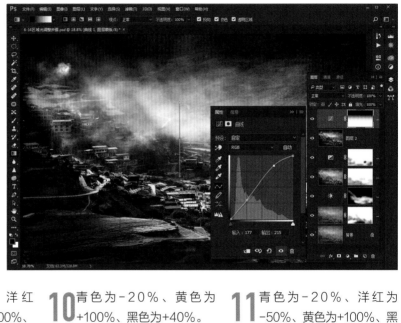

09 青色为-40%、洋红为-35%、黄色为+100%、黑色为+100%。

10 青色为-20%、黄色为+100%、黑色为+40%。

11 青色为-20%、洋红为-50%、黄色为+100%、黑色为+30%。

12 青色为-10%、洋红为+100%、黄色为+100%、黑色为+100%。

13 青色为-20%、洋红为-20%、黄色为-20%、黑色为+20%。

14 洋红为+25%、黄色为+20%。

15 画面的整体色彩有些偏青，相对于阳光光谱对场景的影响明显有些偏色，选择"色彩平衡"，洋红/绿色为-5、黄色/蓝色为-25。

16 最后再通过"匹配颜色"来提升一下画面色彩的明亮度。按Shift+Ctrl+Alt+E组合键盖印图层，点击菜单栏"图像"→"调整"→"匹配颜色"，明亮度为130。

第 6 章

掌握和用好色彩

　　摄影是光影与色彩的艺术，掌握光影应用技巧和色彩搭配原则，是在摄影的道路上向更高阶段提升的必经之路。摄影的艺术表现力包括很多方面，而摄影色彩的准确表达则是重中之重。摄影是色彩缤纷的，不管是自然世界还是人为世界，都充满了不断变化的丰富色彩。色彩是一种视觉神经刺激，是由于视觉神经对光的反应而产生的。视觉是感性认识的一个方面，与各种物体有关，包括物体的表面和光源，它具有颜色、明度（或亮度）和纯度等特征。摄影后期对色彩的要求比前期拍摄更为重要，这一章我们就一起进入色彩的世界，了解如何恰到好处地使用它。

6.1 色彩构成

　　将两个以上的单元，按照一定的原则重新组合形成新的单元叫作构成；将两个以上的色彩，根据不同的目的性按照一定的原则重新组合、搭配，构成新的美的色彩关系就叫色彩构成。三原色光是指光谱中的红、绿、蓝三种色光，而不是色料中的红、黄、蓝三种原色。把光的三原色以不同的比例进行混合，可获得不同的复色光。

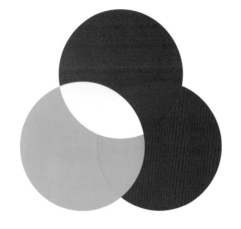 

光的三原色　　　　　　　　　　　　　　　　　　色料的三原色

色彩的三大要素

　　●色相——指色彩的相貌或名称种类，是色彩的最大特征。自然界中的红、橙、黄、绿、青、蓝、紫是最基本的、纯度最高的色相。

　　●明度——指色彩的明亮程度。原色的明度最高，间色则次之，复色就偏低。色彩的明暗差异变化如粉、大红、深红都属于红色，存在着色彩深浅的变化。

　　●纯度——色彩的纯净程度，又称色彩的"鲜艳度""饱和度"。

　　色相对比：因色相的差别而形成的对比

明度对比：因明度之间的差别而形成的对比

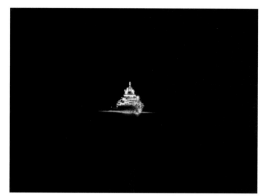

纯度对比：因纯度之间的差别而形成的对比

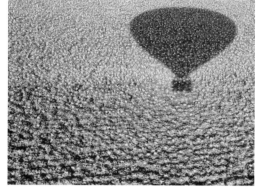

色相对比是因色相之间的差别形成的对比。各色相由于在色相环上的距离远近不同，形成不同的色相对比。单纯的色相对比只有在明度、纯度相同时才存在。高纯度的色相对比不能离开明度和纯度的差别而存在。所以我们研究的色相对比是以色相对比为主构成的对比（其中包括明度、纯度方面的对比）。

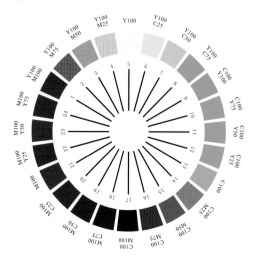

①同一色相

②类似色相

③对比色相

④互补色相

①同一色相对比：
色相之间在色相环上的距离角度在5°以内为同一色相对比，色相之间的差距很小，基本相同，只能构成明度及纯度方面的差别，是最弱的色相对比

②类似色相对比：
色相之间的距离角度在45°以内的对比为类似色相对比，是色相的弱对比

③对比色相对比：
色相之间的距离角度在100°以外的对比为对比色相，是色相的强对比

④互补色相对比：
色相之间的距离角度为180°左右的对比为互补色相对比

同一色相

类似色相

对比色相

互补色相

6.2 色性

　　色彩的冷暖主要是指色彩结构在色相上呈现出来的总印象。当我们观察物象色彩时，通常把某些颜色称为冷色，某些颜色称为暖色，这是基于物理、生理、心理以及色彩自身的面貌而定的。这些综合因素依赖于人的社会生活经验与联想，因此色彩的冷暖定位是一个假定性的概念，只有比较才能确定其色性。如我们看到青、绿、蓝一类色彩时常联想到冰、雪、海洋、蓝天，产生寒冷的心理感受，因此把这类色界定为冷色，而看到橙、红、暖黄一类色彩，就想到温暖的阳光、火、夏天而产生温热的心理效应，故将这一类色称为暖色。冷暖本来是人的机体对外界温度高低的感受，但由于人对自然界客观事物的长期接触和生活经验的积累，我们在看到某些色彩时，就会在视觉与心理上产生一种下意识的联想，即产生冷或暖的条件反射。这样，绘画色彩学中便引申出"色彩的冷暖"，应用到实际视觉画面上去之后，也就构成了可感知的色彩的"冷暖调"。用冷暖来界定物体色彩的对比，也是色彩结构关系中色彩之间的一种对比，并在对比中形成画面的统调，又在画面统调中构建一种基调。认识冷暖色，了解色彩的冷暖的基础知识，能够意识到色彩的冷暖在艺术中和生活中所起的重要作用。通过创作实践，能够体会到色彩的冷、暖和作品主题、内容的重要关系。

暖色：由红色色调组成，给人温暖、活力的感觉

冷色：由蓝色色调组成，给人冷静、清凉的感觉

中性色：绿色、紫色

黄绿色为暖色、蓝绿色为冷色

红紫色为暖色、蓝紫色为冷色

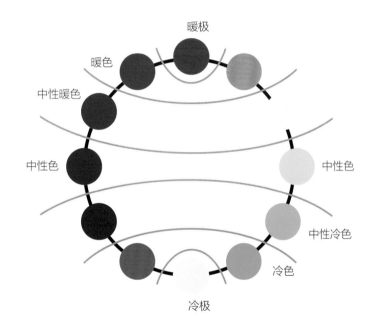

暖色调

中性色调

冷色调

6.3 色彩的轻重与进退

　　日常生活经验告诉我们，重量轻的物体看起来是浅色的，如白云、烟雾、大气；而沉重的物体多半是深色的，如钢铁、岩石等，因此我们容易以这种生活经验来看待色彩的轻重感。浅颜色往往看上去重量较轻，深颜色看上去则较重。这种对色彩的主观感受，便是色彩的轻重感。在彩色摄影中，我们可以利用色彩的轻重表现被摄体的力度与变化中的均衡，也可以用轻重色的对比去突出主要的被摄体。在大面积的空间中用小块的重色寻求视觉效果的均衡。用重色去衬托轻色，或用轻色衬托重色，以求主体突出。

　　色彩的进退是指在同等距离的色彩，红、橙、黄等暖色看上去比蓝、青等冷色显得近，在视觉上构成远近有别的幻觉。在摄影中，我们可以利用这种错觉去强调空间深度感。比如，一片蓝色的背景就比红、橙色的背景显得深远，因此，把红、橙、黄这些显得向前突出的色彩叫作"前进色"，把蓝、青这些显得较远的色彩称作"后退色"。

色彩的轻重

色彩的轻重

色彩的轻重

色彩的进退

色彩的进退

6.4 光线的颜色

光线的颜色必将影响照片的色彩。宇宙万物具有各种各样的色彩，这是由于不同的物质和表面能吸收某些光的波长，将其他光谱反射到我们的眼睛，然后人眼按占优势的波长来判断这些反射回来的光线，确定它的颜色。这便是自然界被摄体色彩的来源，也是我们研究彩色摄影的前提。

在各种不同的光线状况下，目标物的色彩会产生变化，为了尽可能减少外来光线对目标颜色造成的影响，在不同的色温条件下都能还原出被摄目标本来的色彩，就需要数码相机进行色彩校正，以达到正确的色彩平衡。白平衡是保证数码相机准确还原色彩的重要保证之一，掌握白平衡的调节，就可以拍摄出真实色彩的画面。

▲ 直射阳光，有利于再现被摄体的色彩。直射阳光的颜色几乎是白的，能精确地表现被摄体的各种色彩，让景物显得鲜明、活跃，但对比反差太大，亮部的色彩被削弱，暗部的细节不足，色彩的纯度有所降低

▲ 漫射阳光，当空中有薄云或雾蒙蒙状态时，太阳发出直射光线和天空反射的散射光线二者之间在强度和性质上的差别变小，使光线变得柔化起来。被摄体亮面的光线变得柔和，也可表现更多的层次，精确地传达被摄体的色彩，是最适合彩色照片的一种光线

▲ 雾、霾、霭，大气中有雾霭或由于悬浮着细微烟尘而出现霾时，也属于一种漫射光线。这时，阳光减弱，被摄体周围的散射光变得很强，使大气层变厚，景物的色彩变得柔和，色彩纯度降低。这种天气有利于强调出被摄场景的空间距离。被摄体离观者越远，越显得柔和明亮，色彩的纯度越低，并掩盖其细部，使照片的构图主次分明，更为简练

▲ 低角度阳光，清晨太阳刚刚升起，或黄昏太阳落山时，太阳的位置较低，直射阳光必须透过厚厚的大气层才能到达地面，这时的阳光不仅强度减弱，而且波长较短的蓝光被大气中的水分子、尘埃大量散射，波长较长的红光大量到达地面，因此这种光线往往带有较多的红色，能传达出明显的色彩变化效果和时间概念

▲ 太阳、电灯泡、点燃的蜡烛，在它们释放出热量时都会发光，但光的颜色却不一样，因为各种光源在燃点时的热度有很大的不同。不同的光线，对被摄体的色彩有着重大的影响

▲ 阴、雨，在阴雨天气，被摄体亮暗面的差别不再明显，变为比较均匀的影调，没有太亮的反光，也没有太深的阴影，所以色彩表现得浑厚而均匀。减少曝光可以增加色彩比较浓郁的照片，增加曝光则可以获得颇为雅致的重彩照片。假如你不想要平淡的影调，可以有意地利用一点深调的前景，这样就能使阴雨天拍摄的照片也有从深到浅、比较丰富的影调

▲ 彩虹，雨过天晴，空中出现彩虹，显示出白光中包含所有的光谱色来，光源的温度用K标示。色温的高低只与光线发出来的颜色有关，并不意味着光线的温度

▲ 雪，阴天时的雪景，因主要靠天空散射光照明，带有一点蓝色。晴天时雪景的受光面呈白色，阴影面两侧反射出天光的蓝色，有时也反射其他的环境色，使雪的亮面和暗面产生微妙的色彩变化。拍雪景最好在出太阳后采用侧光或侧逆光来表现雪的层次变化，使阴影显现出偏冷的色彩变化，并再现白雪晶莹剔透的质感

▲ 黎明，以蓝青色调为主，又加上受到阳光照射的部分显露出的品红色，使画面具有很和谐、很生动的色彩效果。此时应以天空的曝光为依据，使天空在照片上呈现为中等明暗的影调，地面的景物则做剪影处理，避免轮廓之间的相互重叠

▲ 黄昏景色，具有柔和的暖调色彩。由于此时大气中的尘埃、烟雾较多，常使远处景物的影调变淡，与近处较深的影调对比，表现出空间深度感。如果被摄体结构单纯，轮廓鲜明，也可做剪影或半剪影处理

▲ 夜景的色彩，由于受各种颜色照明的影响，往往显得丰富而艳丽。特别是雨后拍摄，地面的反光中会映出很漂亮的色彩，增强画面的艺术效果

▲ 夜景的拍摄，如果包括天空，要表现天空的层次，可以把建筑物纳入微弱发亮的天空中，这样不易把天空拍成死黑一片

某些普通光源的色温

光　源	色　温（K）	微到度值
晴朗蓝天	10000~20000	100~50
发蓝的蓝天	8000~10000	125~100
云天	7000	143
透过薄云的阳光（中午）	6500	154
平均的夏季阳光（10~15点）	5500~5600	182~179
早晨或下午的阳光	4000~5000	250~200
日出、日落	2000~3000	500~300
电子闪光灯	5500	182
摄影强光泡	3400	294
石英碘钨灯	3300	303
摄影钨丝灯	3200	313
150瓦家用灯泡	2800	357
烛光	1930	518

6.5 影响照片色彩的因素

影响照片色彩的因素有很多方面，我们要注意这些影响，根据创作的需要，采取适当的手段去控制和调整它们。

▲ 一天中，自然光的色彩是不同的，黎明时的光线带蓝青色调

▲ 日出及日出后不久的光线带有橙红色

▲ 中午前后的光线是白色的

▲ 黄昏日落时的光线带有红橙色

▲ 夜幕来临之前较短暂的时刻，自然光又转为蓝青色调

▲ 黑夜天空的星光、月光以及城市的灯光为画面增添色彩

▲ 钨丝灯光比日光的颜色暖得多，拍出的照片富有暖调效果

▲ 有时可以加滤光镜来完成你对色彩的要求

▲ 光源的色彩，被称作"光源色"。它往往反映在被摄体受光的亮面，影响亮面的色彩变化。被摄体亮面的色彩是亮面的固有色加上光源色综合的结果。被摄体亮面的高光，往往呈现光源本身的颜色

▲ 周围环境的颜色有时也会影响到被摄体的固有颜色，离得越近影响就越大。环境的色彩统称为"环境色"

▲ 远景的距离越远色彩就越不饱和，而且带有一定的蓝青色调，它的固有色被削弱

▲ 物体的色彩既然是由于对不同的光谱成分吸收和反射的结果，那么照明光源本身发出什么颜色的光，对被摄体在照片上表现出来的效果至为重要

◀ 球面和光滑的表面易于反光，这些反光常常形成闪耀的高光，使被摄体的固有色被冲淡。因此，球面和光滑表面的固有色不及粗糙表面和平面的色彩显得饱和

▲ 在直射光（硬光）的照射下，被摄体会形成受光面和阴影面，受光面的固有色会被强烈的直射阳光冲淡，暗面的阴影也会由于阳光太硬而显得过深，缺乏丰富的层次，不如在散射光（软光）照射之下的被摄体颜色显得饱满

◀ 被摄体呈现出各种各样的色彩，是由于光的作用。物体受到光的照射，吸收了投射光的一部分光谱，反射出一部分光谱，形成了物体的颜色。被摄体自身的色彩，在色彩学上叫作固有色

6.6 色彩与摄影的关系

　　摄影是光影与色彩的艺术，掌握光影应用技巧和色彩搭配原则，是在摄影的道路上向更高阶段提升的必经之路。摄影的艺术表现力包括很多方面，而摄影色彩的准确表达则是重中之重。摄影是五彩缤纷的，不管是自然世界还是人为世界，都充满了不断变化的丰富色彩。色彩是一种视觉神经刺激，是由于视觉神经对光的反应而产生的。视觉是感性认识的一个方面，与各种物体有关，包括物体的表面和光源，它具有颜色、明度（或亮度）和纯度等特征。摄影家要做的是把日常生活中稍纵即逝的平凡事物转化为不朽的视觉图像。

6.7　色彩对摄影的要求

对于彩色摄影来说，仅仅能表现出客观世界的色彩是远远不够的。在摄影作品中，真实表现被摄对象的色彩，只是比较肤浅的要求，还必须对色彩做进一步的分析研究，找出色彩的形成与变化的客观规律，研究色彩相互配置对人们的视觉所产生的影响，探讨色彩对表现摄影作品主题所起的作用，并提高到理性上去认识它们，进而运用这些理论来指导拍摄实践。所以，彩色摄影并非仅仅意味着表现被摄对象的色彩，我们要考虑的问题远远超过这个方面。因此，这就向摄影工作者提出两个方面的要求：

第一，要具备一定的色彩学的修养和美术知识；

第二，要通晓彩色摄影的有关知识。

色彩的形成与变化

6.8　摄影对色彩处理的要求

- 简明而有特点。
- 有利于突出主体：利用三原色对比、冷暖色对比、互补色对比、色彩的明度对比、色彩的饱和度对比。
- 用色彩增强艺术气氛。
- 用色彩形成视觉对比效果。
- 形成色彩的和谐。
- 构成色彩基调：照片所赋予观众的情感印象；照片上所表现出来的占支配地位的主要色调。
- 色彩与明暗。

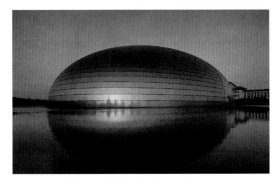

利用色彩的鲜明对比，突出主体

利用冷暖色调对比

利用色调的明度对比

利用三原色对比

利用暮色增加艺术气氛

中性色调

利用色彩饱和度对比

红与黑的明度对比

色彩构成的摄影创作

简化背景色，突出主体色

明暗对比的剪影效果

浅淡色调

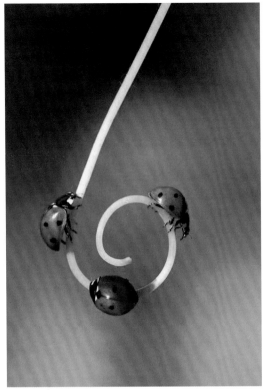

高调构成

低调构成

明暗与色相对比

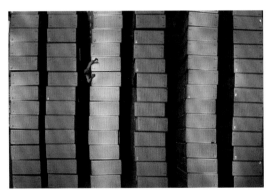

重点色块构成

利用较暗背景形成的明暗对比

利用色彩醒目的前景

6.9 PCCS色彩体系

　　PCCS（Practical Color-ordinate System）色彩体系是日本色彩研究所研制的，色调系列是以其为基础的色彩组织系统。其最大的特点是将色彩的三属性关系，综合成色相与色调两种观念来构成色调系列的。从色调的观念出发，平面展示了每一个色相的明度关系和纯度关系，从每一个色相在色调系列中的位置，明确地分析出色相的明度和纯度的成分含量。

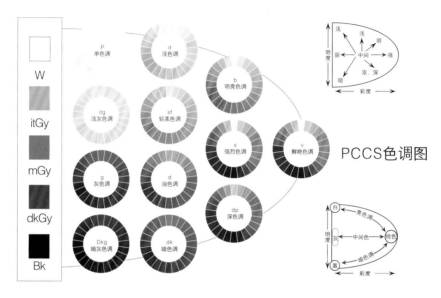

浅色调

浅灰色调

深色调

强烈色调

6.10 照片后期调整的要求

1. 必须了解和熟悉色彩的相关知识，能够有效地控制色彩，运用好色彩。
2. 培养个人的艺术修养和相关美术知识、摄影理论知识。
3. 熟练掌握Photoshop等后期处理软件，并能很好地利用和发挥。
4. 必须保证你的显示器有较高的色彩宽容度，以便色彩校正更精准。
5. 为了照片能得到更精确的色彩效果，请尽量不用笔记本调片。
6. 为了调片的顺畅，电脑应该有较高的配置和独立显卡，支持显卡加速。
7. 摒弃那些个人对某种色彩的偏爱，更真实地还原照片的色彩。
8. 根据参赛需要，如果你参加的摄影比赛是记录类的，那么你只能对色彩、亮度、对比度做一下简单的调整。不能改变照片原有的色彩基调。
9. 艺术类影像对照片的色彩要求比较高，后期调整相对复杂。
10. 根据照片的拍摄内容、用途确定色彩的调整基调，比如说一幅反映经济欠发达地区的照片，把它调整成色彩艳丽的基调就不妥，而是用带有黄土质感基调的照片，才能恰当反映出当地的社会面貌。
11. 在万紫千红的大千世界要善于观察色彩，研究色彩。

黑场、白场色彩溢出

合成的照片应该考虑受光

高光色彩纯度过高

天空、地面暖色调太弱，受光面亮度不足

夜景应该整体压暗，画面缺少暗调

雪本身具有反光作用，画面缺少亮调

6.11 这样处理曝光过度的风光照片

　　这幅照片的拍摄时间和曝光都没有掌握好，造成太阳周围局部曝光过度，这样的照片即使是RAW格式也无法找回丢失的白场细节。通过摄影后期学习，你会把学到的后期调整知识运用到前期拍摄中去，重新定义曝光，避免出现死白、死黑的情况而影响照片的质量。对于这幅照片在后期处理时我们不必考虑太阳周围及天空的云，因为曝光过度的天空已经无法实现拍摄时的想法，我们可以对画面进行大胆的裁剪，裁掉曝光过度的天空，突出主体。"裁剪"也许是我们挽救一幅照片的好方法。

原片 ▲
调整后的效果 ▼

01 在Camera Raw中先选择"渐变工具"压暗天空。按住Shift键，自上下拖动鼠标。曝光为-1.35、对比度为+25、高光为-100、白色为-100、黑色为+30、清晰度为+65、去除薄雾为+38。

02 进入"基本"面板继续压暗高光，如果高光和白色都调整到-100时，我们看到白场没有任何像素，这说明曝光过度，已无法挽回丢失的细节。对比度为+50、高光为-100、阴影为+50、白色为-100、黑色为-40、清晰度为+50。

03 进入图层后，选择"裁剪工具"对画面进行大胆裁剪，尽量把曝光过度的区域裁掉，还有牛群也没有必要保留那么多，这样我们正好把牧牛人安排在黄金分割线上。裁剪后的效果已经超乎我的想象，甚至远远超过了原图。

04 现在要对画面的明暗对比进行调整。选择"亮度/对比度"，亮度为60、对比度为80。

05 仔细观察，我们发现画面的左下角和右上角出现暗角，需要通过"阴影/高光"来解决亮暗部细节。盖印图层，点击菜单栏"图像"→"调整"→"阴影/高光"，阴影数量为50%、高光数量为20%，添加图层蒙版并填充黑色，选择"画笔工具"，设置画笔的不透明度为50%，擦除前景的地面区域。

06 按住Shift+Ctrl+Alt+E组合键盖印图层，选择"修补工具"，在天空的高光溢出区域套索，然后平移鼠标到相邻位置释放鼠标。

07 画面整体红色的鲜艳度有些偏高，需要降低红色色彩鲜艳度。选择"自然饱和度"，自然饱和度为-100、饱和度为-100，选择"画笔工具"，擦除画面的暗部区域（见右图蒙版）。

08 选择"曝光度"来加大照片的明暗对比，曝光度为+0.13、灰度系数校正为0.80。

09 青色为-20%、洋红为-20%、黄色为+60%、黑色为+50%。

10 青色为+80%、洋红为+20%、黄色为-35%、黑色为-15%。

11 青色为+30%、洋红为-25%、黄色为+10%、黑色为-15%。

12 选择"色彩平衡"，青色/红色为-10、洋红/绿色为-5、黄色/蓝色为-25。

13 盖印图层，混合模式"柔光"，不透明度为25%，通过混合模式来加大照片的明暗对比关系。

14 最后为照片增加锐度，按住Shift+Ctrl+Alt+E组合键盖印图层，点击菜单栏"滤镜"→"锐化"→"智能锐化"，数量为100%、半径为3.0像素、减少杂色为50%。

6.12　去除紫边

紫边是指数码相机在拍摄过程中，由于被摄物体反差较大，在照片上亮部与暗部交界处出现的色散现象，沿交界处会出现一道紫色的镶边（多数情况下是紫色，有时也可能是其他颜色）。紫边现象出现的条件是在光比很强烈的情况下，亮部与暗部如果没有过渡而突然交界，交界处（比如房檐）就容易出现色散。此外，它还与镜头的控制色散能力、图像感应器面（像素密度越大越容易色散）和相机内部的处理器算法等硬件性能有关。

▲ 原片
▼ 调整后的效果

01 在Camera Raw中进入"基本"面板调整曝光为-0.45、对比度为+80、高光为-100、阴影为+60、白色为-100、黑色为+30、清晰度为+60、自然饱和度为+20。

02 选择"渐变工具"压暗天空的亮度。按住Shift键,自上而下拖动鼠标,曝光为-0.50、对比度为+10、高光为+20、阴影为+100、白色为-10、黑色为+30、清晰度为+65、去除薄雾为+20、饱和度为+20。

03 在"镜头校正"面板选择"去除紫边",在"去边"选项栏拖动紫边控制滑块调整数量为2、紫色色相为35/100、绿色数量为20、绿色色相为40/60。

04 进入"细节"面板需要对画面做降噪和锐化处理。在进行锐化时一定要放大照片，有利于观察照片的锐度和降噪的结果，避免锐化和降噪过度而影响观赏性。在调整时最好配合键盘上的Alt键，随时观察每一项调整的效果。

05 进入"图层"面板后选择"裁剪工具"，先对画面进行水平校正。在属性栏点击"拉直"按钮，勾选"删除裁剪的像素"和"内容识别"复选框，沿画面倾斜角度拖曳出一条斜面。

06 选择"裁剪工具"，对画面进行裁剪。

07 去除紫边后，人物的边缘留下与其他边缘不相和谐的重调，选择"减淡工具"，在属性栏设置曝光度为5%，在人物边缘的重色区域滑动鼠标，直到重色减淡为止。

08 首先还是调整画面的明暗对比。选择"亮度/对比度"，亮度为15、对比度为30，选择"渐变工具"，遮盖天空区域。

09 经过"亮度/对比度"的调整，前景的亮度得到了改善，但是地面、水面和鹅的亮度还是显得不足。再次选择"亮度/对比度"，亮度为50、对比度为20，填充黑色蒙版；选择"画笔工具"，设置画笔的不透明度为50%，沿水面以下区域涂抹（见左图蒙版）。

10 画面的白场细节不足，还有少量的暗角，需要通过"阴影/高光"来解决这些问题。盖印图层，点击菜单栏"图像"→"调整"→"阴影/高光"，阴影数量为35%、色调为30%、半径为190；高光数量为45%、色调为50%、半径为300像素；调整中间调为+10。

11 选择"曝光度"，对照片的整体的明暗对比做出调整，曝光度为+0.26、灰度系数校正为0.97。

12 画面整体阴影较弱，需要通过混合模式来加重阴影的调子。盖印图层，混合模式选择"柔光"，不透明度为25%。

13 选择"色彩平衡"来改变偏黄，向冷色调方向调整。青色/红色为-25、洋红/绿色为-10、黄色/蓝色为+10。

14 我们再观察一下整体，照片还是感觉沉闷，显然是色彩的明亮度不够，需要"匹配颜色"来调整明亮度。盖印图层，点击菜单栏"图像"→"调整"→"匹配颜色"，明亮度为130、颜色强度为115。添加图层蒙版，选择"画笔工具"擦除高光溢出区域。

15 远处的山及人物的暗部细节，还有水面、鹅的暗部都需要提一下亮度，特别是远山没有层次。盖印图层，混合模式选择"滤色"，添加图层蒙版并填充黑色，选择"画笔工具"，设置画笔的不透明度为25％，设置前景色为"白色"，擦除需要提亮的区域，更亮的区域可以反复点击鼠标。

6.13　利用匹配颜色校正白平衡

相机的白平衡是为了让实际环境中白色的物体在你拍摄的画面中也呈现出"真正"的白色。不同性质的光源会在画面中产生不同的色彩倾向，而我们的视觉系统会自动对不同的光线做出补偿，所以无论在暖调还是冷调的光线环境下，我们看一张白纸永远还是白色的。相机则不然，它只会直接记录呈现在它面前的色彩，这就会导致画面色彩偏暖或偏冷。

这是一幅偏暖色调的棚拍照片，背景的白色呈现的是暖色，显然是白平衡出现了问题而导致背景固有色偏暖，其实后期通过Photoshop匹配颜色来校正白平衡是一件非常容易的事情，匹配颜色也是比较实用的方法。

◀ 原片　　　　　　调整后的效果 ▼

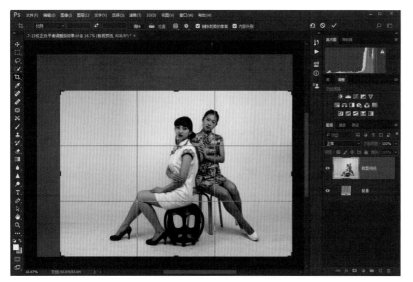

01 启动Photoshop，选择"裁剪工具"，尽量把人物安排在黄金分割点上。

02 点击菜单栏"图像"→"调整"→"匹配颜色"，明亮度为185，勾选"中和"复选框，我们看画面的暖色瞬间消失了，画面变得清晰、通透起来。

03 人物的中间调和高光不够，画面没有层次。复制图层，混合模式选择"滤色"。添加图层蒙版，点击菜单栏"选择"→"色彩范围"，在弹出的"色彩范围"对话框中选择"吸管工具"，点击右侧女人大腿暗部（红色标示位置），调整颜色容差为135。

04 经过色彩范围的调整，我们发现提亮后的人物过渡有些生硬，需要模糊处理。点击菜单栏"滤镜"→"模糊"→"高斯模糊"，半径为50像素。

05 人物脸部清晰度不是很高，如果是点对焦，那么可以肯定焦点没有打在人物脸部，现在我们可以通过防抖来弥补一下。盖印图层，点击菜单栏"滤镜"→"锐化"→"防抖"，勾选"伪像抑制"复选框，模糊描摹边界为31像素、平滑为30.0%、伪像抑制为30.0%。

06 最后再调整一下"色彩平衡"，青色/红色为-10、黄色/蓝色为+30。

6.14　利用HDR色调调整照片

　　HDR色调是CS5增加的一款类似HDR高清高对比度的照片调色工具。在进行HDR调整的时候需要把照片的图层合并，然后选择菜单："图像"→"调整"→"HDR色调"，调出"HDR色调"对话框，然后按照自己的喜好设置各种HDR效果。

◀ 原片
▼ 调整后的效果

01 在Camera Raw中
进入"基本"面板
调整曝光为+0.95、对比
度为+45、高光为-100、
阴影为+100、白色
为-100、黑色为+45、
清晰度为+35。

02 进入"细节"面板
对画面进行降噪和
锐化处理，按住Alt键调
整锐化数量为50、半径
为1.0、细节为25、蒙版
为25；明亮度为30、明
亮度细节为50、明亮度
对比为20、颜色为25、
颜色细节为50、颜色平
滑度为50。

03 现在我们运用"颜色范围"蒙版技术来调整明暗对比，下一章将详细介绍这项技术。选择"亮度/
对比度"，亮度为15、对比度为20，点击"颜色范围"按钮，选择"吸管工具"，点击人物亮部
高光，颜色容差为125。

  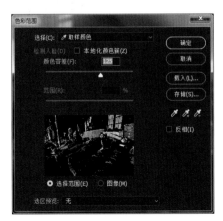

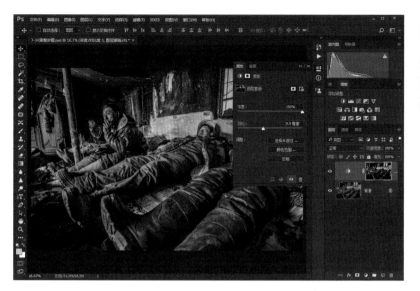

04 "颜色范围"调整完成后，为了使这项调整更加自然、顺畅，必须执行羽化处理，羽化为9.9像素。

05 画面的阴影部分有些重，下面我们还是运用"颜色范围"蒙版技术来调整阴影。选择"色阶"，拖曳高光控制滑块到为215，点击"颜色范围"按钮，在选择窗口选择"阴影"，颜色容差为10%、范围为30。

06 回到图层蒙版，调整羽化为150像素。

07 现在很多人的审美还是倾向于低饱和度的效果，那么我们就通过黑白和混合模式来降低色彩饱和度。盖印图层，选择"黑白"，红色为100%、黄色为150%、绿色为255%、青色为220%、蓝色为100%、洋红为115%。

08 混合模式"颜色"，不透明度：50%。通过"黑白"调整，可以兼顾各区域的色彩分布，提高明暗对比，使画面更有层次。

09 画面的红色区域明度不够，下面我们还是要通过"颜色范围"来调整。选择"亮度/对比度"，亮度：80、对比度：65，点击"颜色范围"按钮，在选择窗口选择"红色"。

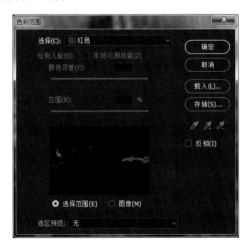

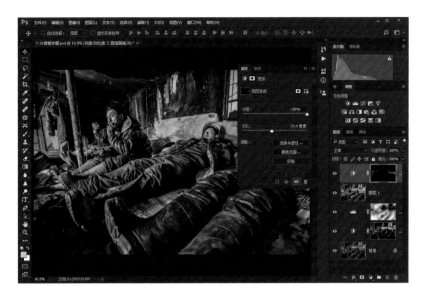

10 回到图层蒙版，调整羽化为25像素。

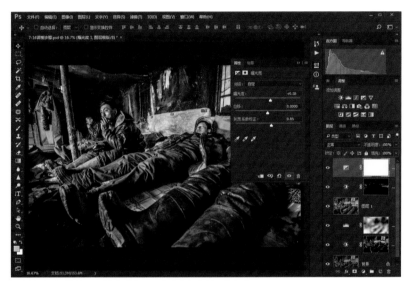

11 整体调整画面的明暗对比度。选择"曝光度"，曝光度为+0.58、灰度系数校正为0.85。

12 通过调整"曝光度"，红色的鲜艳度过于鲜艳，选择"色相/饱和度"，饱和度为-55；点击"颜色范围"按钮，选择"吸管工具"点击红色区域（红色标示位置），颜色容差为115。

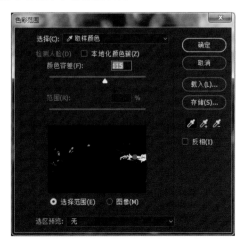

13 回到图层蒙版，调整羽化为4.5像素。

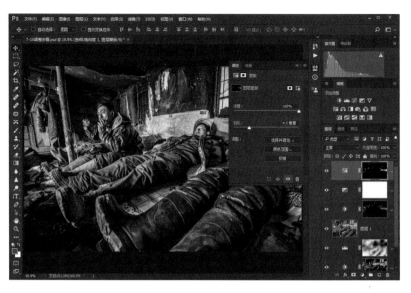

14 下面我们将要为画面调整HDR色调。打开"历史记录"面板，点击"从当前状态创建新文档"按钮，点击菜单栏"图像"→"调整"→"HDR色调"，半径为103像素、强度为1.20、灰度系数为1.00、曝光度为-2.34、细节为+100%。

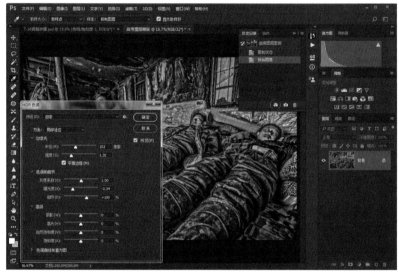

15 选择"移动工具"，按住Shift键，把HDR调整拖曳到原始图层上，调整不透明度为50%。通过HDR调整可以让照片获得更多细节。

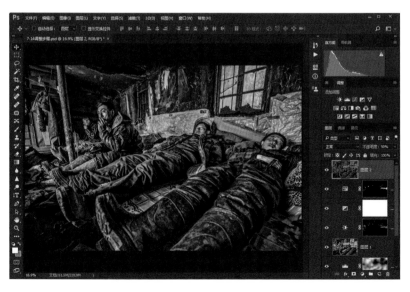

6.15　后期调整实例剖析

在一次外出讲课时，有一位影友在课间休息时拿出他调整的照片给我看，我觉得调整思路有问题，许多人往往会均匀地调亮整个画面，完全没有考虑光影在场景中的重要作用，暗部细节虽然出来了，可是整个画面却没有了层次，丧失了立体感。你可以想象一下拍摄时间（太阳的高度）、光线对场景的影响以及色彩的变化等因素，这些都要在摄影后期考虑进去，否则摄影后期就没有了章法。我们先不评价这幅照片的好坏，对于我来说倒是一个好的案例，因为这是在大光比环境下拍摄的照片，也是我们在风光摄影中经常遇到的问题，下面我们就用实战来解决这个问题，希望对你有所帮助！

这是一幅盛夏季节，太阳快要落山的时候拍摄的照片。右上图是原片，右下图是一位影友调整后的效果。下面这幅是我通过对光影和色彩的理解调整后的效果，大家可以比较一下，找到学习摄影后期的有效方法，尽快提高个人的摄影后期技术。

▲ 原片

▲ 影友调整后的效果
▼ 调整后的效果

01 在Camera Raw的
"基本"面板中调
整对比度为+30、高光
为-70、阴影为+100、
白色为-100、黑色为
+50、清晰度为+50，经
过调整，亮暗部细节没
有出现色彩溢出。

02 再进入"色调曲
线"面板，继续
对画面的亮暗部进行调
整。亮调为+20、暗调
为-10。

03 由于暗部曝光不
足，画面肯定会出
现过多的噪点。进入"细
节"面板，对画面进行降
噪和锐化处理。按住Alt
键调整锐化数量为55、
半径为1.0、细节为25、蒙
版为55；明亮度为10、明
亮度细节为50、明亮度
对比为30、颜色为25、
颜色细节为50、颜色平
滑度为50。

04 进入"图层"面板后首先选择"亮度/对比度"，调整好地面的受光。亮度为90、对比度为100，选择"画笔工具"，在属性栏调整好画笔的不透明度为20%，擦除天空及前景的暗部区域。

05 选择"色阶"，再次调整好前景的明暗对比关系。拖动色阶的亮暗部控制滑块到为15、170的位置，选择"渐变工具"，遮盖天空区域。

06 下面我们需要通过混合模式的"滤色"来提取暗部细节。盖印图层，混合模式选择"滤色"，添加图层蒙版并填充黑色，设置前景色为白色，选择"画笔工具"，在属性栏调整好画笔的不透明度为20%，擦除前景的暗部区域。

07 画面的整体偏亮，通过混合模式的"正片叠底"来降低照片的整体亮度。盖印图层，混合模式"正片叠底"，不透明度为50%，添加图层蒙版，选择"画笔工具"，在属性栏调整好画笔的不透明度为20%，擦除天空及前景暗部区域。

08 天空右侧还是有些偏亮，现在需要压暗这个区域。选择"曝光度"，曝光度为+0.7、灰度系数校正为0.75，在蒙版上填充"黑色"，选择"画笔工具"，擦除右侧天空最亮的区域。

09 接下来我们将运用"匹配颜色"来提高画面整体的明亮度。盖印图层，点击菜单栏"图像"→"调整"→"匹配颜色"，明亮度为165。

10 青色为 -40%、洋红为 +100%、黄色为 +100%。

11 青色为 +50%、洋红为 +40%、黄色为 +10%、黑色为 +25%。

12 青色为 100%、洋红为 +50%、黑色为 +50%。

13 青色为 +100%、洋红为 +50%、黑色为 +100%。

14 青色为 +50%、洋红为 +40%、黄色为 +10%、黑色为 +25%。

15 青色为 +20%、洋红为 +10%、黄色为 +10%。

16 最后再调整一下亮暗部细节。盖印图层，点击菜单栏"图像"→"调整"→"阴影/高光"，阴影数量为 35%。添加图层蒙版并填充黑色，选择"画笔工具"，在属性栏调整好画笔的不透明度为27%，擦除画面下部区域。

第 7 章

摄影后期核心技术应用

　　对于喜欢使用Photoshop软件调整照片的摄影爱好者来说，掌握一种好的调片方法是非常重要的，那么"混合模式"和"颜色范围"就是一项非常简单实用的摄影后期调整技术。我们可以通过混合模式来完成照片的压暗、提亮、色彩调整等效果，然后再通过颜色范围来调整画面的明暗关系，两种功能结合使用，便能达到立竿见影的效果。

　　摄影后期处理前必须有一个正确的调整思路，你应该明白为什么要通过后期处理来解决因前期拍摄而存在的问题，不要把精力都用在提高Photoshop软件技术上。若想调整好一幅照片，调整思路比技术更为重要。

7.1 混合模式

混合模式是Photoshop最强大的功能之一，它决定了当前图像中的像素如何与底层图像中的像素混合。混合模式可以轻松地制作出许多特殊的效果，不过往往需要配合使用不透明度调整。混合模式分为6大类：组合模式、加深混合模式、减淡混合模式、对比混合模式、比较混合模式、色彩混合模式。

在摄影照片后期调整时我们可以复制照片混合，也可以图层调整混合，通过添加图层蒙版选择笔刷工具来完成调整，还要配合不透明度来表现效果。下面看看几个常用的混合模式。

1.正片叠底（Multiply）：将上下两层图层像素颜色的灰度级进行乘法计算，获得灰度级更低的颜色而成为合成后的颜色。图层合成后的效果简单地说是低灰阶的像素显现，而高灰阶不显现（即深色出现，浅色不出现；黑色灰度级为0，白色灰度级为255）。

2.滤色（Screen）：与正片叠底模式相反，将上下两层图层像素颜色的灰度级进行乘法计算，获得灰度级更高的颜色而成为合成后的颜色，图层合成后的效果简单地说是高灰阶的像素显现，而低灰阶不显现（即浅色出现，深色不出现），生成的图像更加明亮。

3.叠加（Overlay）：叠加模式比较复杂，它是根据基色图层的色彩来决定混合色图层的像素是进行正片叠底还是进行滤色的。一般来说，发生变化的都是中间色调，高色和暗色区域基本保持不变。

4.颜色（Color）：用混合图层的色相值与饱和度替换基层图像的色相值和饱和度，而亮度保持不变。决定生成颜色的参数包括基层颜色的明度、混合层颜色的色相与饱和度。在这种模式下，混合色控制整个画面的颜色，是黑白照片上色的绝佳模式，因为这种模式下会保留基色照片，也就是黑白照片的明度。

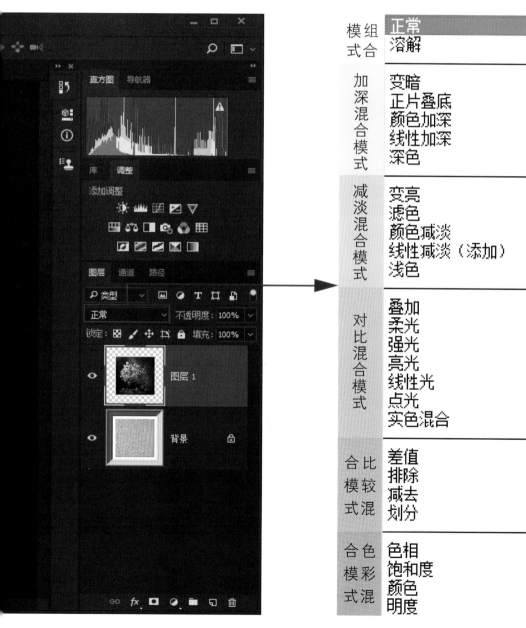

7.2　运用混合模式修改一幅调整过的照片

　　上图是经过影友调整后的效果，从摄影后期角度来看"思路不清、杂乱无序"。明明是闪射光环境下拍摄的照片，光比没有那么大，怎么暗部那么暗呢？一幅画面最精彩的地方也许就是暗部，本来不该丢失的亮暗部细节给调没了，或者调成了死黑、死白，这说明对照片的理解不够。在你不确定如何调整明暗对比的时候，可以根据原片场景的起伏、远近调整好明暗对比关系，画面才会有立体感。

◀ 影友调整后的效果
▼ 调整后的效果

01 照片的亮暗部细节不够，可以通过"阴影/高光"找回丢失的亮暗部细节。首先复制一个图层，点击菜单栏"图像"→"调整"→"阴影/高光"，阴影数量为65%、色调为50%、半径为60像素；高光数量为20%、色调为50%、半径为125像素；中间调为+10。

02 调整完"阴影/高光"后，天空区域的亮部细节不足，需要通过混合模式来压暗天空。复制图层，添加图层蒙版，点击菜单栏"选择"→"色彩范围"，在弹出的"色彩范围"对话框中选择"添加到取样工具"，反复点击天空区域，颜色范围为40。

03 现在必须通过"高斯模糊"让以上调整与背景融为一体，避免产生生硬的不自然感。点击菜单栏"滤镜"→"模糊"→"高斯模糊"，高斯模糊为167.6像素。

04 叠加后照片的色彩也相应加重，为避免色彩的鲜艳度过高，必须把彩色照片进行黑白处理。盖印图层，点击菜单栏"图像"→"调整"→"黑白"，红色为90%、黄色为155%、绿色为260%、青色为–20、蓝色为260%、洋红为215%。

05 混合模式选择为"叠加"，不透明度为50%，添加图层蒙版，选择"画笔工具"，擦除画面中间的衔接部。

06 盖印图层，选择"减淡工具"，在属性栏设置曝光度为5%，反复拖动鼠标擦除人物右侧脸部的灰调，直到消除为止。

07 远山和前景高光亮度不足，画面缺少层次变化。复制图层，混合模式选择"滤色"，添加图层蒙版并填充黑色，设置前景色为白色，选择"画笔工具"，设置画笔的不透明度为20%，擦除远山及画面的高光部位（画面起伏突起区域）。

08 山峦的对比好像弱了很多，我们可以通过混合模式的"正片叠底"来加深。盖印图层，混合模式选择"正片叠底"，不透明度为70%，再添加图层蒙版并填充为黑色，设置前景色为白色，选择"画笔工具"，设置画笔的不透明度为20%，擦除山峦。

09 画面色彩有些偏红，需要对画面进行匹配颜色。盖印图层，点击菜单栏"图像"→"调整"→"匹配颜色"，明亮度为185、颜色强度为115、勾选"中和"复选框调整渐隐为60。

10 经过烦琐的操作，下面我们就对画面整体的明暗对比度做出调整。选择"曝光度"，曝光度为+0.22、灰度系数校正为0.85。

11 画面的整体色调有些偏青，需要通过"色彩平衡"来改变偏色。选择"色彩平衡"，青色/红色为-30、洋红/绿色为-10、黄色/蓝色为-20。

12 最后再选择"曲线"来调整一下明暗对比关系，让暗的地方再暗一点，亮的地方再亮一点，加大画面的通透感。

7.3 混合模式的色彩范围应用

原中的片岩石、青苔和落叶的亮度不足，暗调又太重，黑、白、灰效果不明显，画面也就缺少了层次变化。通过"混合模式"和"色彩范围"混合调整，我们可以非常轻松地完成画面的调整，而且可以迅速得到超乎想象的质感。与原图相比，调整后的画面通透、色彩纯正，层次更加丰富。

◀ 原片
▼ 调整后的效果

01 在Camera Raw中进入"基本"面板调整曝光为+0.95、对比度为+80、高光为-100、阴影为+100、白色为-100、黑色为+50、清晰度为+25。

02 在混合模式下必须添加图层蒙版，运用菜单栏的"色彩范围"来调整明暗对比关系。复制图层，混合模式"强光"，新建图层蒙版，点击菜单栏"选择"→"色彩范围"，在弹出的"色彩范围"对话框中选择"吸管工具"，点击岩石阴影的最暗部（红色标示位置），勾选"反相"复选框，颜色容差为200。

03 点击菜单栏"滤镜"→"模糊"→"高斯模糊"，高斯模糊为50像素。高斯模糊可以让上一步的操作变得柔和，不会产生生硬的不自然感。

04 现在对画面整体的明暗对比进行调整。选择"曝光度"，曝光度为+1.10、灰度系数校正为0.80。

05 点击菜单栏"选择"→"色彩范围"，在弹出的对话框中选择"吸管工具"，点击水面的高光溢出区域（红色标示位置），勾选"反相"复选框，颜色容差为200。

06 青色为+100%、洋红为+30%、黄色为+60%、黑色为+20%。

07 青色为+50%、洋红为+10%、黄色为+10%、黑色为-5%。

08 青色为+10%、洋红为+5%、黄色为+10%。

7.4 颜色范围应用技术详解

　　颜色范围是一种通过指定颜色或灰度来创建选区的工具，由于这种指定可以准确地设定颜色和容差，因此使得选区的范围较易控制。虽然魔棒也可以设定一定的颜色容差来建立选区，但色彩范围提供了更多的控制选项，更为灵活，功能更强。点击选择窗口我们可以看到7个选项：取样颜色、可选颜色、高光、中间调、阴影、肤色、溢色，根据调整目的可以灵活掌握。

色彩范围对话框

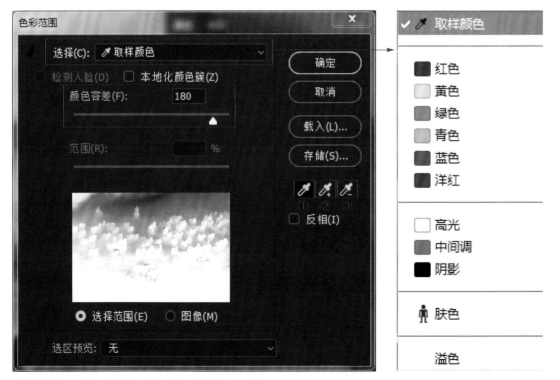

❶吸管工具　❷添加到取样工具　❸从取样中减去工具

01 打开原片，我们看到的是一幅灰度值较高、通透感较差的照片。如果按传统的方法调整明暗对比，白场就会曝光过度，而明暗对比调整的好坏直接影响照片的通透感、立体感、层次感和色彩的鲜艳度，而运用"颜色范围"蒙版技术我们就可以有效地控制局部不会产生溢出。现在就让我们做个试验，选择"亮度/对比度"，亮度为100、对比度为50。

02 在亮度/对比度调整面板上点击蒙版按钮，进入蒙版调整面板后再点击颜色范围按钮，此时会弹出"色彩范围"对话框，选择"吸管工具"，在画面或操作窗口点击红色马匹的中间调（暗部和亮部的中间区域），颜色容差为180。

03 单击"确定"按钮后回到图层蒙版的调整面板，拖动"羽化"的控制滑块，你会看到烟尘的层次变化不再是一个平面；而是有了立体感。羽化为97.5像素。

7.5 勾选反相复选框的作用

反相，顾名思义就是反相提取选区。从原片来看，当我们选择亮度/对比度来加深暗调时，暗调又很淡，我们可以直接点击亮调，勾选"反相"就容易多了。选择"亮度对比度"（如左下图所示），亮度为-50、对比度为100，点击天鹅翅膀的高光（红色标示位置），颜色容差为135，勾选"反相"复选框。

原片

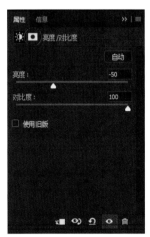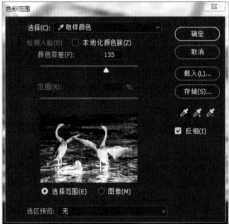

在图层蒙版上调整羽化为7.5像素，羽化值根据画面的最佳效果而定。

7.6 勾选本地化颜色簇的作用

勾选"本地化颜色簇"复选框以后，调整范围大小就会变成聚光效果。比如这张风光原片在中场有两个区域光照效果，选择"色阶"来提亮该区域（下图），拖曳色阶亮部、暗部控制滑块到180、15的位置，选择"添加到取样工具"，在两处高光区域点击鼠标，勾选"本地化颜色簇"复选框，颜色容差为135、范围为20%。

▶ 原片

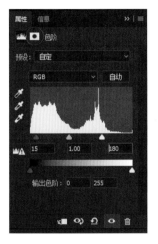

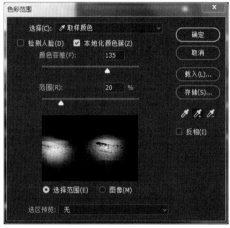

在图层蒙版上调整羽化为160像素，在调整羽化时注意观察屏幕效果设定羽化像素。

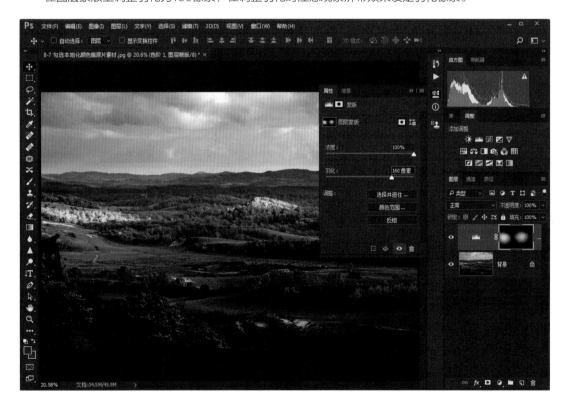

7.7 颜色范围的可选颜色

颜色范围提供了红色、黄色、绿色、青色、蓝色、洋红6种可调色彩，我们可以根据画面的色彩分布，在"色彩范围"对话框中选取相对应的色彩，进行提亮或压暗处理。比如说这幅照片的荷花有红色、洋红的成分，而荷叶有黄色和绿色成分，当你需要提亮照片某个区域的色彩时，选择对应的色彩，该区域的色彩就会提亮。

①首先调整荷花的亮度对比，选择"亮度/对比度"，亮度为100、对比度为60，在选择窗口选择"红色"。

②选择"亮度/对比度"，亮度为115、对比度为50，在选择窗口选择"洋红"。

③选择"亮度/对比度"，亮度为25、对比度为30，在选择窗口选择"黄色"。

④选择"亮度/对比度"，亮度为150、对比度为90，在选择窗口选择"绿色"。

⑤最后再整体调整一下画面的明暗对比度，选择"曝光度"，曝光度为+0.45、灰度系数校正为0.70。

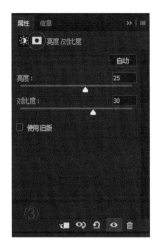

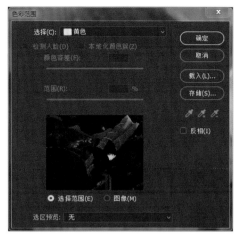

7.8 高光

高光指画面色调最亮的一个点，表现的是物体直接反射光源的部分。这幅照片的高光亮度不足，我们将使用颜色范围的高光来调整明暗对比度（下图）。选择"亮度对比度"，亮度为100、对比度为50，在"色彩范围"对话框中的选择窗口选择"高光"，颜色容差为90%、范围为220。

◀
原
片

在图层蒙版上调整羽化为568.5像素，需要局部修饰可以选择"画笔工具"配合完成。

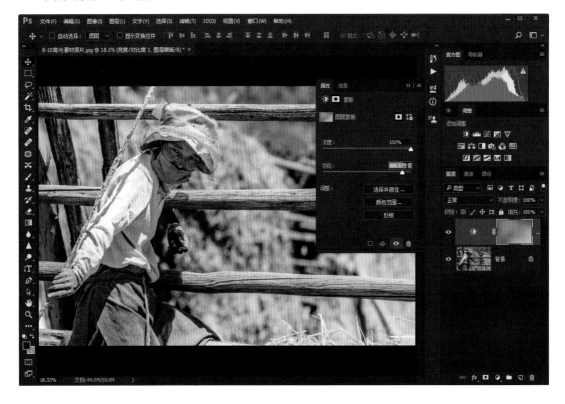

7.9 中间调

　　中间调指两层关系：其一是明暗关系，既不是亮调，也不是暗调；其二是反差关系，介于软调和硬调中间。中间调是影视作品中最常用的影调形式，同时也是人们经常用到的低调和高调的中和。中间调画面是指影调明暗反差正常，影像层次丰富，画面中黑、白两部分比例均衡的作品。我们看到的这幅照片的中间调（灰调）较暗，背景和服装好像都被蒙上了一层灰色，画面失去了通透感，缺少层次变化。下面我们就运用颜色范围的中间调来调整这幅照片（下图），选择"亮度/对比度"，亮度为20、对比度为30。

▶ 原片

　　在"色彩范围"对话框中的选择窗口选择"中间调"，颜色容差为30%、范围为105~255，在图层蒙版上调整羽化为590.1像素。我们看背景和服装的灰色瞬间消失，画面也变得通透起来。

7.10 阴影

阴影是指光线照射到物体上而产生的背光或投影部分。从摄影的角度，我们可以把阴影理解为"黑场"，运用颜色范围的阴影提取暗部细节非常简单、实用。选择"亮度对比度"，亮度为80、对比度为15，在选择窗口选择"阴影"，颜色容差为30%、范围为100。

原片

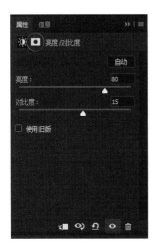  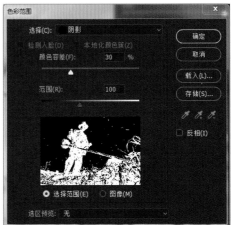

在图层蒙版上调整羽化为7.5像素，需要局部修饰可以选择"画笔工具"配合完成。

7.11 肤色

在人类学中，肤色被认为是与人种差别具有重要关系的标志。颜色范围的肤色则包括白色、棕色、黄色人种，在勾选"检测到人脸"复选框后，系统就会自动识别皮肤或与皮肤相近的颜色。选择"亮度/对比度"，亮度为60、对比度为30，在"色彩范围"对话框中的选择窗口选择"肤色"，勾选"检测到人脸"复选框，颜色范围为115。

▲ 原片

在图层蒙版上调整羽化为95.0像素，注意观察屏幕效果调整羽化值。

7.12 溢色

溢色通常用于Photoshop等图像处理软件中，在RGB模式下某些颜色在电脑显示器上可以显示，但在CMYK模式下是无法印刷出来的，这种现象叫"溢色"。我们看原片的红头巾和人物脸部的高光有些溢色，下面就运用颜色范围的溢色来调整。选择"亮度/对比度"，亮度为-30、对比度为30，在选择窗口选择"溢色"。

◀
原片

在图层蒙版上调整羽化为50像素，经过调整溢色消除了。

7.13 菜单色彩范围与图层颜色范围的区别

01 菜单栏选择里的色彩范围和"图层"面板的颜色范围在使用功能上是一样的,只不过色彩范围应用于本图层,而颜色范围则应用于所有图层。复制图层,混合模式选择"滤色",添加图层蒙版,选择"吸管工具"点击马的暗部。

02 图层蒙版的羽化只能通过菜单栏滤镜来完成。点击菜单栏"滤镜"→"模糊"→"高斯模糊",半径为170.5像素。

03 利用图层蒙版提取选区,可以对照片进行局部调整。点击菜单栏"选择"→"载入选区",或按住Ctrl键,把鼠标放到图层蒙版窗口点击鼠标提取选区,选择"亮度/对比度",亮度为35、对比度为100。

7.14　如何调出油画质感的照片

　　如何调出油画质感的照片呢？其实和我们的前期拍摄有着千丝万缕的联系。众所周知，摄影是用光去绘画，在前期拍摄时如何用光和构图对摄影后期的工作尤为重要。这幅照片就是在自然光环境下拍摄的一幅人像照片，照片构图合理，曝光准确，是一幅调整为油画效果的好素材。在后期处理时需要提亮高光和中间调，调整细节，运用混合模式控制好照片的色彩饱和度。

◀ 原片
▼ 调整后的效果

01 首先提高画面的受光部亮度。选择"亮度/对比度"，亮度为60、对比度为10，点击蒙版按钮，再点击颜色范围按钮，在"色彩范围"对话框中选择"吸管工具"，点击人物颧骨（红色标注位置），颜色容差为180。

02 回到图层蒙版，调整羽化为30.2像素。

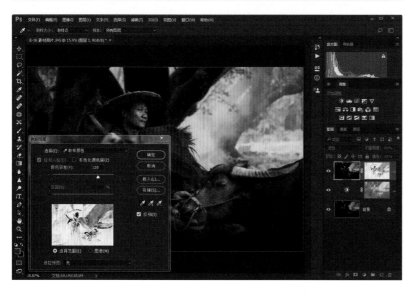

03 为避免暗部细节丢失，需要对整个画面提亮，首先按住Shift+Ctrl+Alt+E组合键盖印图层，混合模式选择"滤色"，添加图层蒙版，点击菜单栏"选择"→"色彩范围"，上一步我们选择的是亮部，这一步我们在"色彩范围"对话框中勾选"反相"复选框，颜色容差为150。

04 为避免蒙版边缘的生硬，现在需要对蒙版进行模糊处理。点击菜单栏"滤镜"→"模糊"→"高斯模糊"，半径为160像素。

05 画面的背景烟尘过亮，需要通过混合模式压暗过亮区域。盖印图层，混合模式选择"正片叠底"，添加图层蒙版并填充黑色，设置前景色为白色（按D键），选择"画笔工具"，不透明度为50%，擦除烟尘以及画面四周区域。

06 下面再整体调整一下亮暗部细节，按住Shift+Ctrl+Alt+E组合键盖印图层，点击菜单栏"图像"→"调整"→"阴影高光"，阴影数量为35%、色调为10%、半径为88像素；高光为40%、色调为50%、半径为30像素；中间调为+16。

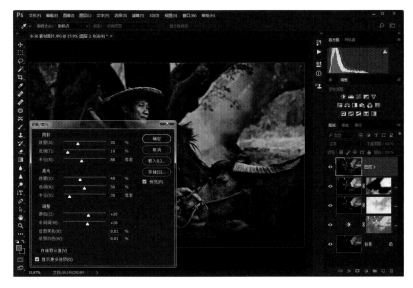

07 添加图层蒙版，填充黑色，设置前景色为白色，选择"画笔工具"，不透明度为50%，擦除背景树干、人物、水牛的暗部细节。

08 画面的色彩饱和度过高，最好用调整黑白来降低色彩饱和度，然后通过混合模式来完成。盖印图层，选择"黑白"，红色为85%、黄色为155%、绿色为215%、青色为185%、蓝色为85%、洋红为80%。

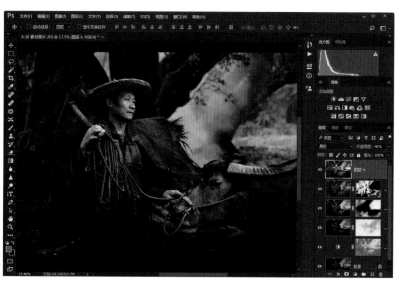

09 混合模式"颜色"，不透明度为40%。通过混合模式来降低色彩饱和度，绝不会因降低色彩饱和度而改变画面的明暗关系。

10 选择"曝光度"，
整体调整画面的
明暗对比度。曝光度为
+0.35、灰度系数校正为
0.85。

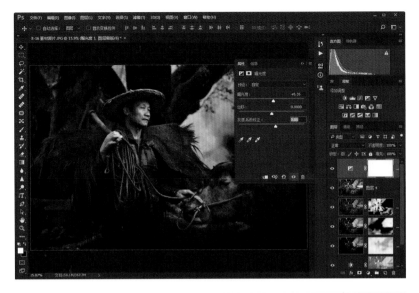

11 选择"色阶"，
提亮高光区域。
在色阶调整面板中拖动
亮部和暗部控制滑块到
170、10的位置。填充
黑色蒙版，设置前景
色为白色（按D键），
选择"画笔工具"，
不透明度为50%，擦除
受光面。

12 最后选择"色彩平
衡"来校正画面色
彩。青色/红色为-10、
黄色/蓝色为+15。

7.15　运用颜色范围局部提亮

　　在"色彩范围"对话框中勾选"本地化颜色簇"复选框，可以产生聚光效果。这幅照片整体明暗对比较弱，画面没有层次感，而画面的主体又处于受光区域，亮度不足是导致主体不突出的一个重要因素。通过颜色范围本地化颜色簇的操作，可以迅速提高主体的亮度，使照片更具观赏性。

◀ 原片
▼ 调整后的效果

01 在Camera Raw中进入"基本"面板调整曝光为+0.25、对比度为+70、阴影为+30、黑色为-40、清晰度为+65；再到"效果"面板调整去除薄雾为65。

02 在Photoshop"图层"面板选择"亮度/对比度"。亮度为10、对比度为100，在"色彩范围"对话框中选择"添加到取样工具"并勾选"本地化颜色簇"复选框，颜色容差为130、范围为20%，反复点击画面的中心景物。

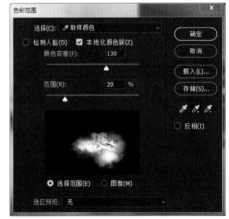

03 回到"图层"蒙版，调整羽化为40.6像素。

04 处在受光区的云雾高光亮度偏灰，需要提亮来增强照片的层次感。盖印图层，混合模式选择"叠加"，添加图层蒙版，点击菜单栏"选择"→"色彩范围"，点击"选择"窗口，选择"阴影"，勾选"反相"，颜色容差为50%、范围为120。

05 前景的阴影部分过亮，下面就我们来压暗背光区阴影部分。选择"曝光度"，曝光度为+0.7、灰度系数校正为0.80，在"色彩范围"对话框中选择"高光"颜色容差为90%、范围为190，勾选"反相"复选框。

 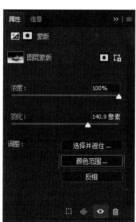 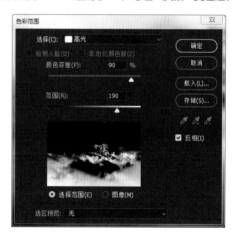

06 回到图层蒙版，调整羽化为125像素。

07 画面的明暗对比还是不够强烈，在后期调整时要想想素描是如何打破平面的限制的，合理调整好黑、白、灰三者之间的关系，赋予画面立体感。盖印图层，混合模式选择"柔光"，不透明度为55%。

08 调整完暗部以后，再来处理一下云雾的高光，通过混合模式找回更多的亮部细节。盖印图层，混合模式选择"正片叠底"，不透明度为40%，添加图层蒙版，点击菜单栏"选择"→"色彩范围"，在选择窗口选择"阴影"，勾选"反相"复选框，颜色容差为70%、范围为60。

09 回到图层蒙版，调整羽化为125像素。

10 画面的光影效果还是没有表现出来，需要通过匹配颜色来改变照片的通透度。点击菜单栏"图像"→"调整"→"匹配颜色"，明亮度为145、颜色强度为165。

11 选择"色彩平衡"，青色/红色为-20黄色/蓝色为+10。

12 画面云海的高光区域曝光过度、阴影区树木过暗。点击菜单栏"图像"→"调整"→"阴影/高光"，阴影为10%、色调为40%、半径为30像素；高光为10%、色调为87%、半径为143像素；中间调为+6，添加图层蒙版并填充黑色，设置前景色为白色，选择"画笔工具"，不透明度为40%，擦除云海曝光过度区域，补充阴影里树木的细节。

7.16　内容识别填充的运用

　　这是一幅反映沙漠牧民生活的照片，侧逆光与场景形成了非常强烈的明暗对比反差，照片的曝光很好，只不过画面左侧人物的服饰和动态影响主体的表现。通过裁剪和内容识别填充来完成照片的二次构图，运用颜色范围调整画面的明暗对比度。

原片 ▶
调整后的效果 ▼

01 在Camera Raw中进入"基本"面板调整曝光为+0.55、对比度为+20、高光为-100、阴影为+100、黑色为+10、清晰度为+50。

02 选择"裁剪工具"，勾选属性栏上的"内容识别"复选框，我们要扩展画面，为地面留取更大的空间。需要注意的是：扩展画面不宜过大，否则无法识别填充。

03 画面的噪点还是比较多，我们可以安装几个外挂滤镜，对照片进行降噪处理。首先按住Shift+Ctrl+Alt+E组合键盖印图层，点击菜单栏"滤镜"→"噪点洁具"，按"默认"即可。

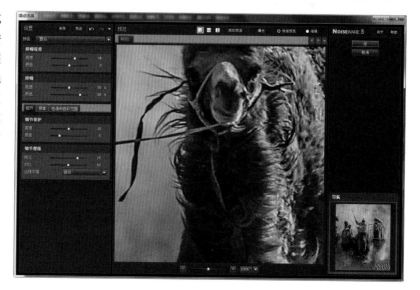

04 选择"磁性套索工具",在左侧画面套索,点击菜单栏"编辑"→"填充"(Shift+F5组合键),在"内容"窗口选择"内容识别"。如果"内容识别"不理想,可以选择"图章工具"辅助修饰。

05 这幅照片的光线在画面右侧,明暗对比强烈,可是画面的对比还是不够强烈,明暗反差不明显。选择"亮度/对比度",亮度为50、对比度为80,选择"吸管工具"点击暗部骆驼的中间调,颜色容差为160。

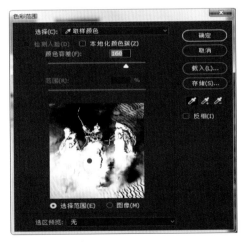

06 回到图层蒙版,调整羽化为175像素。

07 画面背景的亮度需要再提亮一些，因为背景完全处在受光区，提亮后的背景突出了画面的层次变化。选择"亮度/对比度"，亮度为10、对比度为40，选择"吸管工具"点击背景高光，颜色容差为130。

08 回到图层蒙版，调整羽化为97.7像素。

09 通过混合模式的正片叠底来压暗亮部，让亮部细节更细腻。盖印图层，混合模式选择"正片叠底"，不透明度为60%，添加图层蒙版，点击菜单栏"选择"→"色彩范围"，选择"吸管工具"点击画面最暗部，勾选"反相"复选框，颜色容差为180。

10 为了使色彩范围蒙版能和背景更好地融合，不留下调整痕迹，必须执行模糊来消除这些生硬的边缘。点击菜单栏"滤镜"→"模糊"→"高斯模糊"，半径为100像素。

11 现在整体调整曝光度。曝光度为+0.65、灰度系数校正为0.95，选择"画笔工具"擦除曝光过度区域。

12 按住Shift+Ctrl+Alt+E组合键盖印图层，点击菜单栏"图像"→"调整"→"匹配颜色"，明亮度为160、颜色强度为115、渐隐为50，勾选"中和"复选框。

7.17　找回丢失的白场细节

可能每一位摄影人都会出现过这样的问题：当拍摄别的场景偶遇一个感人的画面，你会在第一时间想到的就是抓拍到这精彩的一瞬而忘记调整曝光。这幅照片也许就是这精彩一瞬的其中一幅，可以肯定的是人物的神态、穿插都比较好，可惜有些曝光过度，好在拍摄的是RAW格式，可以找回稍微丢失的亮部细节。

原片 ▲
调整后的效果 ▼

01 在Camera Raw中进入"基本"面板找回丢失的亮暗部细节。曝光为+1.55、对比度为+35、高光为-100、阴影为+80、白色为-100、黑色为+35、清晰度为+50。

02 选择"裁剪工具"对画面进行裁剪。有人说摄影是减法，的确，这种说法在摄影后期同样适用，在裁剪时应该把影响画面主题的元素剪掉。

03 首先要对照片进行黑白处理，否则颜色饱和度就会提升。复制图层，混合模式选择"颜色"，不透明度为45%，点击菜单栏"图像"→"调整"→"黑白"，红色为115%、黄色为120%、绿色为145%、青色为25%、蓝色为-60%、洋红为130%。

04 点击菜单栏"选择"→"色彩范围",选择"添加到取样工具",在红色标示位置点击鼠标,颜色容差为150,勾选"反相"复选框,单击确定按钮后会出现蚂蚁线,在"图层"面板下方点击添加图层蒙版按钮,这样我们就为混合模式添加了一个经过色彩范围处理后的图层蒙版。

05 人物脸部没有层次变化。选择"亮度/对比度",亮度为20、对比度为35,填充黑色蒙版,选择"画笔工具",设置前景色为白色,画笔不透明度为25%,擦除脸部及受光面的服装。

06 盖印图层,点击菜单栏"图像"→"调整"→"阴影高光",数量为35%、色调为50%、半径为170像素;高光为50%、色调为50%、半径为150像素;中间调为+20。添加图层蒙版并填充黑色,选择"画笔工具",设置前景色为白色,画笔不透明度为25%,擦除天空及画面的最暗部。

07 提亮局部，增强画面的层次感。盖印图层，混合模式选择"滤色"，添加图层蒙版并填充黑色，设置前景色为白色，选择"画笔工具"，在属性栏设置画笔不透明度为25%，擦除人物脸部、服装亮部，前景草坪可以涂抹一笔。

08 色彩饱和度过高，需要通过"黑白"和混合模式来降低色彩饱和度。盖印图层，选择"黑白"，红色为60%、黄色为125%、绿色为80%、青色为125%、蓝色为20%、洋红为80%，混合模式选择"颜色"，不透明度为45%。

09 为避免在调整亮度对比度时亮部细节丢失，我们可以先通过混合模式来压暗整体画面，让画面更具厚重感。盖印图层，混合模式选择"正片叠底"，不透明度为35%。

10 对画面整体的明暗关系做出调整。选择"曝光度",曝光度为+0.80、灰度系数校正为0.95,选择"画笔工具",擦除高光溢出区域。

11 选择"自然饱和度"来降低画面色彩鲜艳度,自然饱和度为-25。

12 按住Shift+Ctrl+Alt+E组合键盖印图层,点击菜单栏"图像"→"调整"→"匹配颜色",明亮度为115、颜色强度为110。

7.18 高反差保留

　　高反差保留是把对比最强烈的地方保留下来，这个选项可以调节保留的像素范围。当像素很小的时候，只保留物体的轮廓线。和锐化相比，高反差保留可以避免出现更多的噪点。高反差保留就是保留图像的高反差和图像上像素与周围反差比较大的部分，其他的部分都变为灰色。拿这幅人物照片来举例，反差比较大的部分有人的眼睛、嘴以及身体轮廓，如果执行了高反差保留，这些信息将保留下来（与灰色形成鲜明对比）。它的主要作用就是加强图像中的高反差部分。

原片 ▲
调整后的效果 ▼

01 在Camera Raw中进入"基本"面板找回丢失的亮暗部细节。曝光为+0.20、对比度为+35、高光为-100、阴影为+50、白色为-100、黑色为+30、清晰度为+35。

02 选择"裁剪工具"对画面进行裁剪，在九宫图的裁剪形式下把人物放到画面的三分之一处。

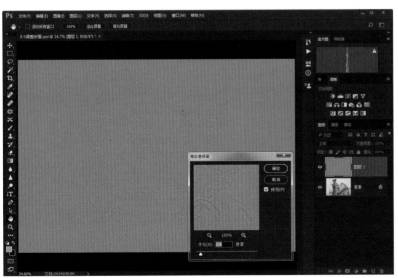

03 高反差保留特别适合表现老年人脸上的褶皱，这是其他锐化所不能比拟的。复制图层，点击菜单栏"滤镜"→"其它"→"高反差保留"，半径为1.5像素，混合模式选择"线性光"。

04 白色的背景墙体在亮度对比度提升后会越来越亮，甚至调整不好就会出现白场溢出，进而影响照片的观赏性。为避免这种情况发生，我们先通过混合模式和色彩范围来压暗背景。盖印图层，混合模式选择"正片叠底"，不透明度为50%，添加图层蒙版，点击菜单栏"选择"→"色彩范围"，选择"吸管工具"，点击背景最亮部，颜色容差为30。

05 点击菜单栏"滤镜"→"模糊"→"高斯模糊"，半径为160像素。

06 现在我们就可以提高画面高光的亮度了。选择"亮度对比度"，亮度为10、对比度为20，点击颜色范围按钮，在"色彩范围"对话框中选择"吸管工具"，点击画面（红色标注位置），颜色容差为30，勾选"反相"复选框。

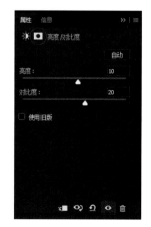

07 回到图层蒙版，调整羽化为8.1像素。

08 画面有些偏红，可以勾选匹配颜色的"中和"复选框来校正色温。盖印图层，点击菜单栏"图像"→"调整"→"匹配颜色"。明亮度为145，勾选"中和"复选框，渐隐为50。

09 通过黑白和混合模式来降低色彩饱和度。复制图层，混合模式选择"颜色"，不透明度为50%，点击菜单栏"图像"→"调整"→"黑白"，红色为50%、黄色为100%、绿色为150%、青色为239%、蓝色为-110%、洋红为80%。

10 画面的暗部较弱，明暗对比不明显，现在我们就运用混合模式来提高明暗对比强度。盖印图层，混合模式选择"柔光"，不透明度为35%。

11 为了让画面更具立体感，提高画面的感染力，还需要增强画面的明暗对比度。盖印图层，混合模式选择"颜色加深"，不透明度为25%，再添加图层蒙版，选择"画笔工具"，设置画笔不透明度为35%，擦除人物脸部及服装的最暗部。

12 最后我们要为画面添加暗角。点击菜单栏"滤镜"→"镜头校正"，在"晕影"选项调整数量为-35、中点为+25。

7.19　为照片添加暗角

　　为照片加暗角，是后期处理中经常用到的技法。适当的暗角能够突出和烘托主题。像这幅照片女孩的神态非常好，可是我们再看看周围环境，杂乱的场景和人物已经严重影响画面的主体突出，因此在后期对照片进行了大胆的裁剪和添加暗角。当然，在Photoshop里，给照片加暗角的方法多样、繁简不一。

原片 ▶
调整后的效果 ▼

01 在Camera Raw中进入"基本"面板找回丢失的亮暗部细节。曝光为+0.40、对比度为+10、阴影为+85、白色为-50、黑色为+20、清晰度为+30。

02 选择"裁剪工具"，对画面进行裁剪。

03 在调整之前我们还是利用阴影高光调整一下亮暗部细节。复制图层，点击菜单栏"图像"→"调整"→"阴影/高光"，数量为35%、色调为50%、半径为100像素；高光为10%、色调为50%、半径为30像素；中间调为+30。

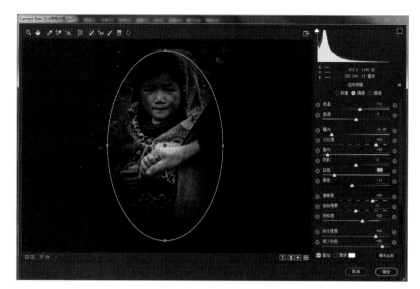

04 杂乱的周围环境严重影响画面主体，压暗角可以掩盖这些不必要的要素。点击菜单栏"滤镜"→"Camera Raw"，选择"径向滤镜"在画面拖曳一个椭圆，曝光为-2.95、对比度为+60、高光为-86、白色为-65、黑色为-11、清晰度为+50、饱和度为+20、锐化程度为+60、减少杂色为+80。

05 添加图层蒙版，选择"画笔工具"，设置画笔不透明度为10%，擦除不需要压暗的区域。

06 老人的手背高光有些过度，选择"亮度/对比度"，亮度为-60，点击颜色范围按钮，在"色彩范围"对话框中选择"吸管工具"点击手背高光，颜色容差为60。

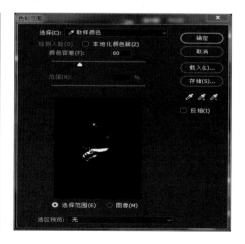

07 回到蒙版调整面板，调整羽化值为 40.6。

08 画面肤色、地面、服饰等红色饱和度过高。选择"通道混合器"，调整红色为 +93%。

09 通过混合模式来加大画面的明暗对比。首先按住Shift +Ctrl+Alt+E组合键盖印图层，点击混合模式窗口选择"柔光"，不透明度为30%。

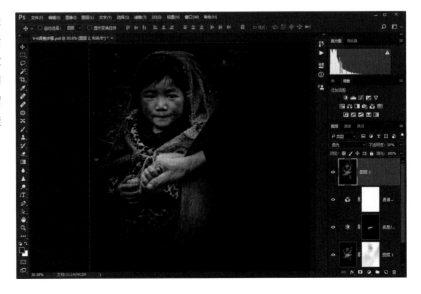

10 选择"色阶",拖曳亮暗部控制滑块到为160、5的位置,填充黑色蒙版,设置前景色为白色,选择"画笔工具",在属性栏设置画笔的不透明度为10%,擦除画面的中心区域,提高画面主体的亮度。

11 画面主体还是有些偏红,选择"色彩平衡",青色/红色为-5、黄色/蓝色为+10。

12 利用黑白降低色彩饱和度。选择"黑白",红色为180、黄色为100、绿色为150、青色为100、蓝色为150、洋红为130,混合模式"颜色",不透明度为20%。

13 我们再整体观察一下照片的明暗对比度，亮度依旧不够，影响照片的通透度。选择"曝光度"，曝光度为+0.60、灰度系数校正为0.95，选择"画笔工具"，调整画笔不透明度为20%，擦除曝光过度区域。

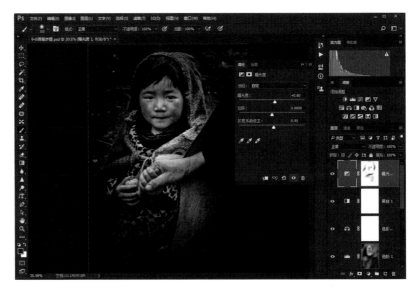

14 随着明暗对比度的提升，色彩也会发生相应的变化，女孩的手和玩具的色彩饱和度就显得比较弱，必须局部提高色彩的饱和度。选择"自然饱和度"，自然饱和度为+75、饱和度为+5，填充黑色蒙版，选择"画笔工具"擦除女孩及老人的手和玩具。

15 最后再次运用"阴影高光"提取暗角内的更多细节。盖印图层，点击菜单栏"图像"→"调整"→"阴影/高光"，数量为15%、色调为13%、半径为187像素；高光数量为20%、色调为50%、半径为30像素；中间调为+20。添加图层蒙版并填充黑色，选择"画笔工具"，设置画笔不透明度为20%，擦除暗部内需要提取的暗部细节。

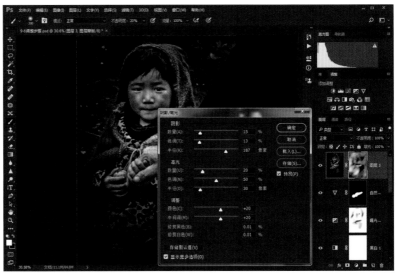

7.20　使用高低频磨皮法磨皮

　　Photoshop高低频磨皮法是将图像的形状和颜色分解成高频和低频两个图层。高低频磨皮的精髓就是把肤色颜色层和纹理层分开。肤色层就是低频层，不用保持细节，只需稍微模糊，并保持原有肤色；纹理层就是高频层，这一层非常有用，保留了肤色的质感、纹理，并且以灰度效果存在，后期只需要在这个图层操作就可以消除斑点和瑕疵。

◀ 原片
▼ 调整后的效果

01 按住Ctrl+J组合键复制两个背景图层，点击"图层1拷贝"图层前面的小眼睛隐藏图层，回到"图层"1，点击菜单栏"滤镜"→"模糊"→"高斯模糊"，半径为6.0像素。

02 回到"图层1拷贝"图层，点击菜单栏"图像"→"应用图像"，混合模式选择"减去"。

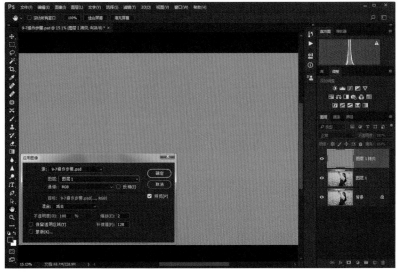

03 在"图层"面板点击混合模式窗口，选择"线性光"。

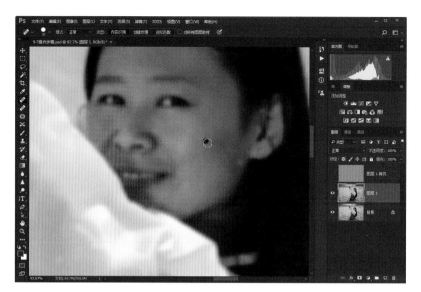

04 隐藏图层1拷贝图层，点击图层1，选择"污点修复画笔工具"修饰皮肤污点。

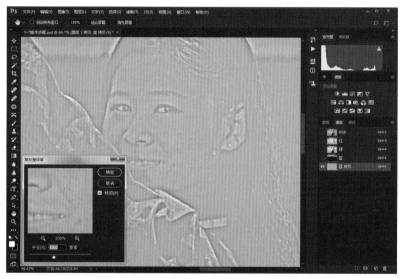

05 点击图层1拷贝图层前面的小眼睛显示图层，进入"通道"面板后复制蓝色通道，点击菜单栏"滤镜"→"其它"→"高反差保留"，半径为10像素。

06 回到RGB通道，按住Ctrl+M组合键打开"曲线"，在对角线的中心位置点击鼠标，向左上角轻轻拖动鼠标。

07 盖印图层，选择"污点修复画笔工具"，修饰皮肤的黑痣。

08 点击菜单栏"滤镜"→"噪点洁具"（一款外挂降噪磨皮滤镜），在预设窗口选择"肖像"即可。这样我们就利用外挂滤镜对皮肤进行了简单的磨皮处理，而且还保留了皮肤的质感。

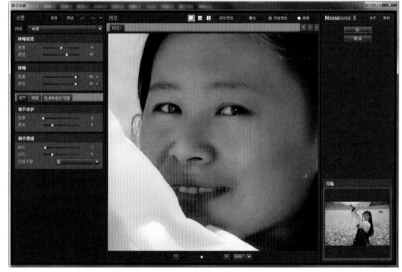

09 画面的暗部细节表现得不够细腻，尤其是头发，在JPEG格式处理暗部细节的最有效办法就是"阴影/高光"，有时候需要配合图层蒙版调整来实现调整目的。复制图层，点击菜单栏"图像"→"调整"→"阴影/高光"，数量为35%、色调为50%、半径为100像素；高光数量为0%、色调为50%、半径为30像素；中间调为+20。

10 油菜花本身处在受光区，可是亮度却呈现中灰色调，使人物没有从背景中分离出来，缺少层次变化。选择"亮度/对比度"，亮度为20、对比度为50，选择"吸管工具"点击油菜花高光，颜色容差为50。

11 回到蒙版调整面板，调整羽化值为18.5像素。

12 现在我们再通过颜色范围调整远景的亮度。选择"亮度/对比度"，亮度为10、对比度为45，选择"添加到取样工具"，在远景处（水面以上）反复点击鼠标，颜色容差为25。

13 回到蒙版调整面板调整羽化值为70.8像素。

14 经过两次局部亮度的提升，画面的通透感和层次感明显增强了，下面我们再整体调整一下曝光度，选择曝光度为+0.1。

15 完成明暗对比度调整，我们再观察一下色彩，由于受服装和环境色的影响，人物的脸部偏黄，画面绿色饱和度略显不足。选择"色彩平衡"，青色/红色为-15、黄色/蓝色为+15。

7.21   如何调整鸟类题材的照片

　　现在喜欢拍鸟类的摄影爱好者越来越多，可是后期如何调整成了大多数人很棘手的问题。其实鸟片的后期调整和风光、人像、民俗、纪实等题材一样，都需要把握好明暗对比度和色彩，但是鸟片似乎更注重鸟的眼神光，所以在拍摄时尽量把鸟的眼神光拍好，在后期调整眼神光时就相对容易些。这幅照片在加大明暗对比度的同时尽量控制好明暗对比关系，避免把画面某个区域调成死黑而影响照片的美感。

◀ 原片
▼ 调整后的效果

01 在Camera Raw中进入"基本"面板找回丢失的亮暗部细节。曝光为+0.15、对比度为+50、高光为-100、阴影为+35、白色为-100、清晰度为+35。

02 在侧逆光环境下这些草的亮度远远不够，明暗对比不强烈，画面没有立体感。选择"亮度/对比度"，亮度为25、对比度为75，选择"吸管工具"点击草的高光区域（红色标注位置），颜色容差为123。

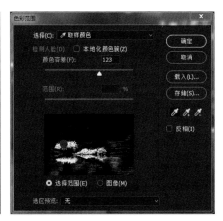

03 回到蒙版调整面板，调整羽化值为50像素。

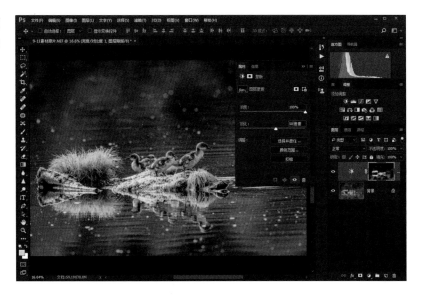

04 当我们取样鸭子头部的高光颜色，朽木也会相应提亮。再次选择"亮度/对比度"，亮度为25、对比度为30，点击颜色范围按钮，在"色彩范围"对话框中选择"吸管工具"，点击鸭子头部高光，颜色容差为130。

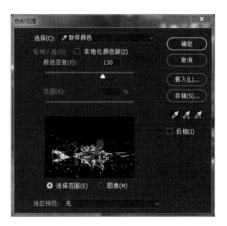

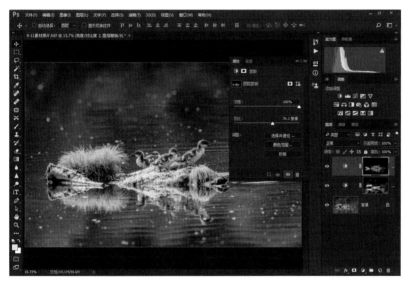

05 回到蒙版调整面板，调整羽化值为76.2像素。

06 背景看上去缺乏对比关系而显得灰暗、不通透。选择"曝光度"，曝光度为+1.10、灰度系数校正为0.75，在"色彩范围"对话框中选择"添加到取样工具"，调整颜色容差为20，在画面四周反复点击鼠标。

07 回到蒙版调整面板，调整羽化值为100像素。

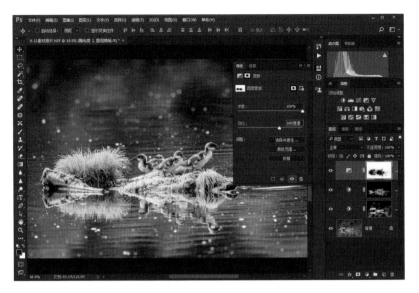

08 放大照片，你会发现由于亮部过亮，导致亮部细节不够细腻，可以通过混合模式压暗亮部。盖印图层，混合模式选择"正片叠底"，添加图层蒙版并填充为黑色，选择"画笔工具"，设置画笔不透明度为25%，在蒙版上擦除主体亮部。

09 这一步和上一步正好相反，我们通过混合模式来提取鸭子的眼神光和暗部细节。盖印图层，混合模式选择"滤色"，添加图层蒙版并填充黑色，选择"画笔工具"，设置画笔不透明度为25%，擦除最暗部及眼睛。

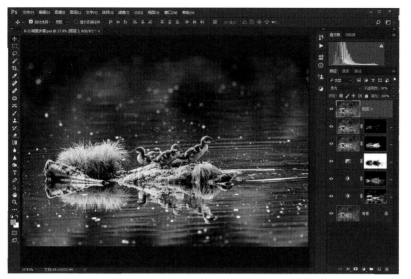

10 选择"色彩平衡"，青色/红色为-13、洋红/绿色为-25、黄色/蓝色为+50。

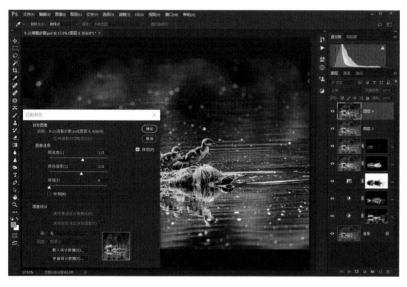

11 整体还有些偏灰，通过匹配颜色来提高明亮度，盖印图层，点击菜单栏"图像"→"调整"→"匹配颜色"，明亮度为115、颜色强度为110。

12 青色为-10%、黄色为+80%、黑色为+65%。

13 青色为+50%、洋红为+100%、黄色为+30%、黑色为+50%。

14 青色为+2%、洋红为+7%。

后记

经过一年多的创作，本书终于尘埃落定，其中的艰辛就不用说了。我想通过本书把我从业二十多年的照片后期处理经验及独到的后期处理技术，毫无保留地传授给那些渴望学习和提升后期技术的朋友，只要对你们有益，我便倍感欣慰。这部书的创作得到了中国摄影家联盟网以及我的家人和朋友的大力支持，在此我要说声谢谢！

数码摄影和数码暗房技术是现代摄影不可或缺的两个部分，且不说孰轻孰重，但是与原片相比，经过后期调整的照片绝对会让人眼前一亮。如果把原片比作一块璞玉，那么经过后期调整的照片就是经过精心雕琢的艺术品。"玉不雕不成器"这句话可能会引起一些坚持原创的人反感，但是，摄影后期已经被绝大多数的摄影人所青睐，这是不争的事实，想学习摄影后期的人也越来越多。可能很多人不知道摄影后期是门综合艺术，准确来说包括美术、色彩、透视、光影、摄影等范畴。本书是一部与众不同的摄影后期书籍，不再以墨守成规的软件使用技巧传授为主，而是将这些与摄影后期相关知识、软件使用技巧巧妙地融合在一起，通过案例分析的形式让读者逐步掌握调整思路，从某种意义上说这比单纯地学习软件更为重要。

摄影和绘画一样都属于二维空间艺术，同样需要解决的问题就是画面的层次，最大限度地赋予画面的立体感、空间感。实现画面的立体感，除了前期拍摄，后期处理也是重要的一个环节，绘画的基础训练是运用黑、白、灰的素描关系实现画面的立体感，这也是我在本书中极力推崇的一种行之有效的方法，首次将绘画原理贯穿于摄影后期的调整之中。当你细品读完这部书，会发现除了Photoshop基础和一些常用技法以外，最常用的就是画笔工具和图层蒙版来调整画面的明暗关系，还有颜色范围蒙版和图层混合模式来调整画面，的确这就是我最常用的几种调片方法，也许你觉得我是在敷衍，可是事实的确如此，你们在本书中也见证了我是如何运用这三种方法，把原片化腐朽为神奇的。这里我要送给那些渴望学习摄影后期的朋友们一个建议：不要把摄影后期孤立地看成是软件掌握的熟练程度，起决定作用的是你能否把相关知识融会贯通，最后变成一个正确的思维方法。

希望通过本书的学习能对你有所帮助，在摄影后期获得更大的收获，祝你成功！

由于水平和照片资料有限，不足和缺陷在所难免，请广大读者见谅。